カラー図解

海底探検の科学

後藤忠徳
〔著〕

JN052063

技術評論社

はじめに

　「海底の探検」と聞くと、何を想像しますか？　海に潜ってみると、海水の下、海底付近にはいろいろなものが見えてきます。海底の不思議な生き物に、沈没船の宝箱。あるいは海底油田に、金山・銀山。もっと深く潜ってみましょう。水深は100m、1000m、1万ｍへ。すると、海底火山や地震の巣も見えてきます。

　海の神秘は、太古の昔から人々を魅了してきました。紀元前、ギリシア神話には「アルゴー船（Argo）」という架空の巨大な船が登場しています。16世紀の大航海時代になると、実際に巨大な帆船が世界の海を行き交い、地球が本当に丸くて、大きな海がすべてつながっていることを実証しました。20世紀も終わりに近くなると深海探査も進んで、海底の地形が明らかになり、海流の詳しい様子やモノやエネルギーの循環の様子もわかってきました。さらに海底より下の地球内部の様子も調査が進んでいます。21世紀になると船からの調査だけでなく、人工衛星・水中ロボット・海底センサーも大活躍。いまや、刻々と変化する海の状態をリアルタイムで、そして地球規模で調べられるようになっています。

（出典：https://argo.ucsd.edu）

　本書では、海底の探検というドキドキワクワクの物語を、海底調査の道具（技術）を杖にして、順番にヒモ解いていきます。まずは、海底の「お宝」と水中ロボットたちの活躍の様子からスタートし（第1章）、火山や地震のお話（第2章）、海流や海底生命の最新情報（第3章）へと、物語は進んでいきます。随所で、海底研究のプロフェッショナル達の声もお届けします。あなたの思う海底探検のイメージは、これらの最新科学とその成果によって、大きく変わるかもしれません。前置きはこれくらいにして、さっそく深い深い海の底へと潜っていきましょう！　…ところで、ギリシア神話の「アルゴー船」ですが、本書のどこかで、プロジェクトの名前として再登場します。さて、どこでしょうか？　探してみてくださいね。

カラー図解 海底探検の科学 もくじ

第3章
海から知る地球生命と気象
― 海と生物、環境のかかわり

第 **1** 章

最新の海洋探査
海洋・海底探査技術のすべて

宇宙天文学

宇宙の中の地球

地球は、広大な宇宙に数え切れないほど存在する天体の1つです。自ら輝く恒星「太陽」を中心とする惑星系に属し、その太陽系は銀河系に属します。銀河系の中には太陽と同じように自ら光る恒星が2000億個ほど集まっていて、観測可能な宇宙には、およそ2兆個の銀河があると考えられています。

宇宙が生まれたのは138億年前、銀河系ができたのが100億年前頃です。その中で太陽が生まれたのが、およそ50億年前。太陽の材料だったチリやガスからは、無数の小惑星・彗星や隕石も生まれ、これらが衝突・合体して地球が生まれました。今から約46億年前の出来事でした。

海の水はどこから来たのか？

水（H_2O）の材料である水素は宇宙の誕生直後（ビックバン後）に最初に生まれ、酸素は恒星の中で水素を材料とした複数の核融合で作られました。水素と酸素から発生した水は、小惑星の岩石に少しずつ含まれていました。この小惑星の水が地球の海の起源だと考えられます。

水と生命

生命には、物をよく溶かす「液体の水」が必要です。太陽から遠すぎず近すぎず、水が液体で存在できる距離＝生命の居住可能領域「ハビタブルゾーン」で誕生した地球には、気体（水蒸気）や固

🔲 銀河系の想像図

銀河系は、棒のような構造を持つ棒渦巻き銀河と考えられ、その中心から2万7000光年離れたところに太陽系があります。（画像提供：NASA/JPL-Caltech/ESO/R. Hurt）

体（氷）ではなく、液体の水からなる海ができて、生命が生まれました。

🔲 宇宙の成分、地球の成分（質量比）

銀河にある原子		地球を作る原子	
水素	約74%	鉄	約33%
ヘリウム	約24%	酸素	約30%
酸素	約1%	ケイ素	約15%
炭素	約0.4%	マグネシウム	約14%
そのほか	0.6%未満	そのほか	約8%

星間ガスの主成分は水素とヘリウム、それに超新星爆発などで宇宙に撒き散らされた恒星の残骸（酸素や炭素、鉄など）です。地球が生まれるときに軽い水素やヘリウムは太陽放射で吹き飛ばされ、重い鉄や酸素などが残りました。
なお宇宙全体で見ると原子が約5％を占めています。残りの約95％は正体が不明です（ダークマター・ダークエネルギー）。

「地球科学（地学）」とは、私たちが生きている地球のことを科学的に見る学問です。さまざまな研究が行われていますが、『海の調査』はどのように関係しているのでしょう？　海にフォーカスを当てながら地球科学の全体像を再確認しましょう。

惑星科学

◉ 太陽系の惑星

太陽系には、水星・金星・地球・火星・木星・土星・天王星・海王星の8つの惑星があります。水星～火星は岩石、木星と土星はほとんどが水素・ヘリウムガス、天王星と海王星は氷（H_2O・メタン）などで構成される惑星です。

岩石惑星である地球の中心には、鉄とニッケルからなる固体の「内核」があり、その外側には同じく鉄とニッケルに硫黄や酸素などの元素も混ざった液体の「外核」があります。外核の外側をかんらん岩からなる「マントル」が、さらに地表をケイ素質の「地殻」が覆っています。地球の半径は約6400kmで、太陽の半径の約109分の1の大きさです。

◉ 最初は「マグマの海」だった

生まれたての地球は全体が融けて、混ざりあっていました。マグマの海です。その時の熱は、今も地球内部に残っています。また放射性元素が他の元素に変わる際に発生する熱も地球内部を温めています。

地球内部の外核部分には今も高温の液体金属が大量に残っています。この液体金属が、地球全体が包み込む磁気を生み出します（磁気圏）。磁気圏は、太陽や宇宙のかなたからやってくる高エネルギー粒子をブロックしています。もし、地球に磁気圏のバリアがなければ、太陽からのプラズマ流「太陽風」や宇宙線が地表にふりそそぎ、生物は繁栄することなく絶滅していたでしょう。太陽風の一部は磁気圏の端から地球へ入り込むことができ、北極や南極でオーロラを発生します。

🔻 地球断面の模式図

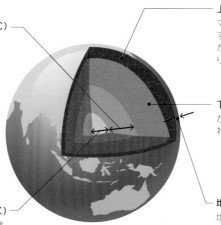

外核（温度は2200℃～5000℃）
鉄やニッケルが融けて液体となっています。液体金属の上下の熱対流と地球の自転、そして僅かな磁気があれば、誘導電流が発生します。この電流が強い磁気を生み出します。まるで巨大な電磁石！　その厚さは約2200kmです。

内核（温度は5000℃～5500℃）
高温ですが圧力も高く、金属固体の状態です。厚さは約1300kmです。

上部マントル
マグネシウムの多いかんらん岩を主成分とする岩石で、圧力・温度の関係でほとんどが固体ですが、部分的に融けてマグマを作り出します。

下部マントル
かんらん岩がより密に詰まった構造と思われます。解明が進みつつあります。

地殻
地球の表面を覆っている花崗岩・安山岩・玄武岩などからなる固体の層です（地殻厚は、陸地部分で30～60kmぐらい、海洋部分は5～10kmほどです）。

地質学

月と地球は兄弟？

地球誕生から46億年、その間いろいろな出来事がありました。最初の激変はジャイアント・インパクト。生まれたての原始地球に、現在の火星ほどの大きさの小惑星（テイア）が衝突し、飛び散った原始地球と小惑星の破片が集まって、地球の周りを回る衛星の「月」になりました。

地球誕生からの年表

地球誕生	**およそ46億年前** 微惑星が衝突合体して一塊になった
月の誕生	**44億7000万年前** ジャイアント・インパクト
海の誕生	**およそ44億年前** 酸性の原始海ができる
堆積の開始	**40～38億年前** 海と陸地が分かれる、プレート運動
生命の誕生	**およそ40億年前？** 海で単細胞生物が生まれる

ジャイアント・インパクトの想像図

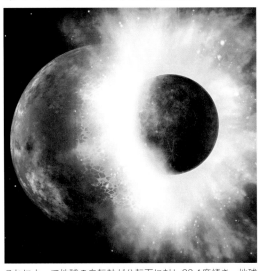

これによって地球の自転軸が公転面に対し23.4度傾き、地球に季節が生まれました。また、月の誕生により海の満ち引き（潮汐）が発生します。
（画像提供：NASA/JPL-Caltech）

大気ができる

地球誕生直後は、水素やヘリウムなどの星間ガスに包まれていましたが、太陽からの放射（太陽風）によってすぐに吹き飛ばされました。ジャイアント・インパクトの衝撃で、いったんは全球が融けてマグマの海（マグマオーシャン）となりましたが、やがて冷えて、岩石の地表が作られました。

生まれてすぐの地球内部の熱は膨大で、そこかしこで大規模な火山活動が起きました。水や二酸化炭素が火山ガスとして噴き出し、それらが原始的な大気となりました。大気中の水蒸気はやがて液体の雨となり、1000年近くも降り続いて、海（原始海）が生まれたのです。

そして海の誕生

最初の雨はマグマのガス成分を溶かした硫酸や塩酸のようなものです。強酸性の雨が、岩石に含まれるカルシウムやナトリウム、鉄などの成分を海に溶かし込んでいきます。

原始大気の二酸化炭素も、雨や海に溶けていくと、二酸化炭素がもつ「温室効果」が減って、気温も気圧も下がりました。大気の主成分は窒素になり、海は中和されて、塩分などを溶かし込んだ状態で安定してきます。

やがて、雨の風化作用によって岩石は削られ海底に堆積する一方で、地球の内部では、核、マントル、地殻ができました。安定し始めた地球では、マントル対流によって内部の熱を外に運び出

すゆっくりとした動きが始まりました。

地球の大まかな構造

地球を地殻やマントルなど岩石の種類（組成）で分ける以外に、硬さで分ける方法もあります。

- **リソスフェア（岩石圏）**：地殻と上部マントルの上層があわさって、冷えて固まった岩石質の「板」になっています。
- **アセノスフェア（岩流圏）**：リソスフェアの下にある上部マントルの部分です。岩石などが部分的に融けて流動性があると考えられます。
- **メソスフェア**：アセノスフェアの下の、マントルを指します。高温ですが、圧力が高いために硬く流動性は高くはありません。

リソスフェアは、「プレート」と称されることもあります。現在の地球表面は大きさや形の異なる14～15枚のプレートで構成され、それぞれが別々に横へ動いていて、ぶつかったり、重なったりしています。これがプレートテクトニクス理論です。

プレートテクトニクス

アフリカ大陸の西側と南アメリカ大陸の東側の形が似ていたことから、"両大陸はくっついていたが、割れて移動した" という「大陸移動説」が古くから提唱されていました。その後の海底の詳しい調査や、陸上の岩石の磁気の解析に基づいて、プレートテクトニクス理論が誕生したのは1970年頃です。現在の地球上の地形、火山や地震、大陸や海底の動きなどは、すべてプレートテクトニクス理論で説明がつきます。

プルームテクトニクス

では、プレートの原動力は何でしょうか？　また、沈み込んだプレートはその後どうなるのでしょうか？　21世紀になって、プレートの動きはアセノスフェアやマントル全体の熱対流運動によって生じていることがわかってきました。これを「プルームテクトニクス」と呼びます。上昇・下降するマントル流がプレートや私達の運命を決めているのです (p.77)。

プルームテクトニクスとプレートやマントルの動き

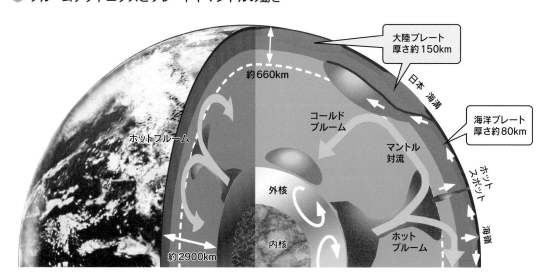

話題の「チバニアン」って何？

❖ 地磁気の逆転

　地磁気を持つ地球。現在は北極近くに磁石のS極、南極の近くにN極があって比較的安定していますが、今まで何度も地磁気が弱くなったり、S極とN極が入れ替わったりしています（地磁気逆転）。これは外核中の液体金属に、熱対流や地球の自転の力による複雑な流れが生じることで、外核に大電流が発生するからです。地球は大きくて不安定な「電磁石」なのです。

　今まで何度も、地磁気の消失や逆転が起こったのははっきりしています。過去の地磁気の様子は、岩石の中に残っています。マグマが冷え固まってできた岩（火成岩）は地磁気の影響で弱い磁気を帯びます。また水の中で砂や泥が降り積もってできた岩（堆積岩）も磁気を帯びます。岩石中の磁気の方向や強さから、昔の地磁気を復元することができます。

　世界各地の地層を詳しく調べると、過去500万年の間に地磁気逆転が15回以上も起こったことがわかりました。なかには数万〜10万年単位で逆転を繰り返す時期もありました。前回の地磁気逆転は77万年前。その証拠が見つかったのが、千葉県市原市にある養老川沿いのがけです。

　地磁気逆転は地球の生物にも大きな影響を与えてきたと言われています。逆転の仕組みも最先端のコンピュータ科学で解き明かされつつあります。

　写真左中央から伸びる筋状のへこみ（四角く白いプレート）より上がチバニアン
　（画像提供：市原市教育委員会）

❖ 地磁気逆転で何が起こったの？

地磁気が逆転する時には磁気圏のバリアがなくなってしまうので、太陽や宇宙からの放射線が地球に直撃します。生物の遺伝子は放射線の影響を受けるので、進化の促進や大規模絶滅が引き起こされます。さらにこの放射線は大気上層で雲を作るので、太陽光がさえぎられて気温が下がります。このように比較的短い期間で環境が激変した時期が地質時代の「区分」に認定されてきました。

地球上の生命が発展した顕生代、そのなかに位置する新生代・第四紀・更新世の中期と後期には、その時代を代表する名称が付いていませんでした。更新世の中期に入るきっかけが77万年前の地磁気逆転です。そのため、その情報が残っている地層のある場所「千葉県市原市」の、チバ（Chiba）と、地質区分である〜アンをくっつけて、"この時代を「チバニアン」と呼ぶ"というのが、国際地質科学連合で検討されました。その後2020年1月にめでたく正式決定されました。

🔵 主な地質時代（2022年版）

地質時代区分				出来事	終了時期
冥王代				地球の誕生。海の誕生	〜40億年前
太古代				生命の誕生	〜25億年前
原生代				多細胞生物・酸素の発生	〜5億3880万年前
顕生代	古生代	カンブリア紀		生物の大量発生	〜4億8540万年前
		オルドビス紀		生物進化・多様性	〜4億4380万年前
		シルル紀		生物の陸上への進出	〜4億1920万年前
		デボン紀		魚類の時代	〜3億5890万年前
		石炭紀		大森林・昆虫が栄える	〜2億9890万年前
		ペルム紀		超大陸パンゲアの誕生	〜2億5190万年前
	中生代	三畳紀		生物の大量絶滅後	〜2億140万年前
		ジュラ紀		恐竜の時代	〜1億4500万年前
		白亜紀		温暖な気候。隕石衝突の前	〜6600万年前
	新生代	古第三紀		恐竜絶滅。哺乳類の進化	〜2303万年前
		新第三紀		大陸が今の姿に。人類誕生	〜258万年前
		第四紀	更新世 ジェラシアン	人類、石器を発明	〜180万年前
			カラブリアン	人類がアジアへ進出	〜77万年前
			チバニアン	ホモ・サピエンスの出現	〜13万年前
			後期（タランティアンに検討中）	ラスコー洞窟に壁画	〜1万1700年前
			完新世	人類の発展	〜現代

海の中は
どのような場所か

**浦島太郎はカメに連れられ竜宮城に行き楽しみますが、
実際の海の中も楽しいところでしょうか?**

本当の海の中

私たちがイメージする海の中といえば、色とりどりのサンゴがあり美しい貝がいて、さまざまな魚が泳ぐ……というものでしょう。いやいや、どこまでも澄んだ青い水の中を、魚やイルカと一緒になって泳ぐところを想像するかも知れません。

しかしそれは、せいぜい水深20mまでの世界です。水深200mを超えた深海では光も届いていないので真っ暗、海底のようすをみようと思ったら近くから明るく照らすライトが必要です。

🔻 海面〜海底 海の断面

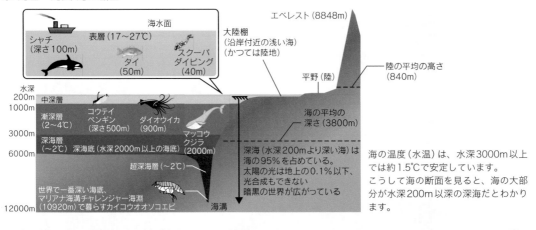

海の温度(水温)は、水深3000m以上では約1.5℃で安定しています。
こうして海の断面を見ると、海の大部分が水深200m以深の深海だとわかります。

🔻 太平洋の真ん中を北から南に割ったときの断面図

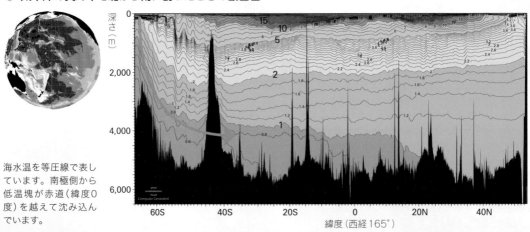

海水温を等圧線で表しています。南極側から低温塊が赤道(緯度0度)を越えて沈み込んでいます。

海中は水圧との戦い

　空気が上から押す圧力（気圧）は、標高0mでおよそ1気圧（約1000hPa）、1cm^{2}に付きおよそ1kgの力です。つまり、いつも手の平（平均130cm^2）に130kgの力士を乗せている状態なのですが、体内も同じ1気圧で押し返しているので気になりません。一方、水の圧力は水深10mで約1気圧分になります（気圧も足されるので計2気圧）。海に素潜りする場合、体内から押し返すのは1気圧のままなので苦しく感じます。

　これが水深100mになると約10気圧、手の平には1.3t程度の力が余分に加わります。過酷な訓練を経

たフリーダイビングの選手などはまだ到達できます。さらに水深1000mになると13t（大型トラック）、水深1万mだと130t（中型ジェット機）が手の平にのる感じです。素潜りではもう到達できません。

💬 **金属製の球殻すら破損する！**

硬い金属として知られているチタン製の耐圧球も、深海の圧力にはかないません。

通信もできない

　海の中は、光が届かず、温度は低く圧力は高い世界です。さらに電波を用いた通信も満足にできません。これらが海底の探査を難しくしています。

　海水は塩分が豊富で電気を通しやすく、電波を吸収してしまいます。地上なら地形は目で見えますし、レーダー（電波）を使った地形測定もできますが、海中では使えません。そこで、音（音波）を使って海底の地形を測定します。船が出す音波が海底で跳ね返ってくる時間を計り、船から海底までの距離を求めるのです。

　海底の潜水船やロボットと船の通信にも音波を使います。ただし、海水中の音速は秒速1500mほどで、水深6000mにいる潜水船と船の間を音が往復するには8秒以上もかかります。電波だと、8秒間で地球と月の間を6往復もできるのに音だと遅いですね。

　音波では、船と海底の間のコミュニケーションが難しいのです。さらに人工衛星からの電波も届かないのでカーナビなどに利用されているGPSも使えません。海底にいる潜水船は自分がどこにいるのかわからない状態です。そんな過酷な海の中を、人類はなぜ・どうやって調べてきたのでしょうか？

海のジパング計画

海の中をなぜ調べるのか？　目的の1つは宝探し！

◉ お宝といえば、黄金

　マルコ・ポーロの『東方見聞録』。西暦1300年ごろに記された書物で、日本のことは「中国大陸の東にある島国は莫大な金が出る土地である」と紹介されました。これが「黄金の国シパンギュ（ジパング）」伝説の始まりです。

　2011年にユネスコの世界遺産に登録された岩手県平泉町の中尊寺「金色堂」。このお堂の話が13世紀の中国に誇張されて伝わったといわれてますが、当時の日本では実際に金を産出していました。クリストファー・コロンブスのアメリカ大陸発見も、西回りで黄金の国ジパングを目指していたのがきっかけ、という説もあります。

◉ 海のジパング計画

　現在、日本は金属資源のほとんどを輸入に頼っています。かつては金・銀・銅・鉛などを大量に産出した鉱山も、掘り尽くすかあるいは採算が取れなくなって廃坑になりました。しかし、これらの陸上の資源の一部は元々は海底で生じたものです。そして日本の周りの海底にも、鉱物資源がたくさん埋もれています。新たな海底資源を探すプロジェクトが「海のジパング計画」です。

　見つけ出す宝は、以下の4種類です。

・海底熱水鉱床
・コバルトリッチクラスト
・マンガン団塊
・レアアース泥

■ 1544年発行の書物に描かれたジパング

中央に南北アメリカ大陸。その左、船の上方に見える島（Zipangu）が日本です。

　これら有用な金属を含んだ鉱物資源がどのような形で集まるのかを分析し、海底資源の場所や量を記した海底地図を新たに作ろうというわけです。

■ 熱水鉱床に含まれる金属

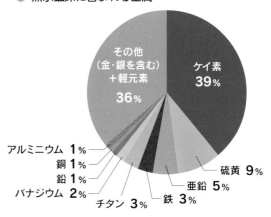

- ケイ素 39%
- その他（金・銀を含む）＋軽元素 36%
- 硫黄 9%
- 亜鉛 5%
- 鉄 3%
- チタン 3%
- バナジウム 2%
- 鉛 1%
- 銅 1%
- アルミニウム 1%

銅はわずか1%しか含まれませんが、陸上の銅鉱石と同等の含有量です。

◉ 鉱物資源の成り立ち

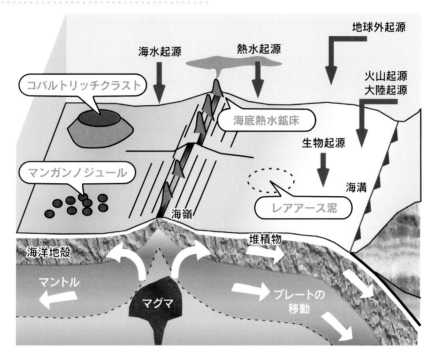

熱水鉱床は熱水活動、コバルトリッチクラストは海水起源、レアアース泥は熱水起源・海水起源・生物遺骸が複雑に関係しているようです。

🔹 レアアース泥

水深4000～6000mの海底にある泥のような堆積物に、数100～数千ppm以上のレアアースが含まれていることがわかりました。レアアースとは、スカンジウム、イットリウムのほか原子番号57～71番のランタノイドというグループの元素です。超伝導や高性能レーザー、高効率モーター、新素材などの先進技術に欠かせませんが、世界的に産出量が少ないのが特徴です。成因や分布など未判明なことも多く、より詳しい調査が必要です。

🔹 コバルトリッチクラスト

北西太平洋の海底に点在する海山の水深約1000～2500mの山頂部から斜面にかけて、岩石表面を厚さ5cm～20cmで覆うアスファルトのようなものが存在します。海水にごくわずかに溶けている金属がゆっくりと化学的な作用で蓄積したもので、100万年で1～6mmほど成長します。マンガン団塊と似た組成で、鉄やマンガンが主成分ですが、特にコバルトを多く含むのが特徴です。そのほか白金やレアアースも多いことがわかりました。

（出典：https://www.jogmec.go.jp/news/release/news_01_000162.html）

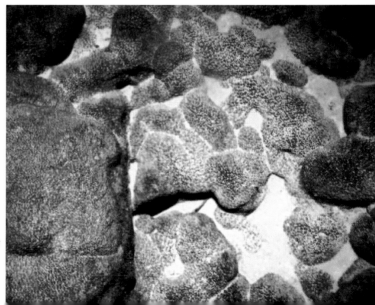

海底熱水鉱床

地下に浸透した海水がマグマなどで熱せられて生じる高温高圧の「熱水」には多くの鉱物が溶け込みます。海水中へと噴き出した熱水は、高い水圧のため300℃を超えても沸騰しません。熱水が周囲の海水で冷やされると、溶けていた銅、鉛、亜鉛、金、銀などが噴出穴の周りに沈殿してチムニー（p.19）などを作ります。まさに宝の山、熱水鉱床のできあがりです（右は海底で実際に採取された岩石サンプル：直径4cm。白く光っている部分には鉄や亜鉛が含まれている）。

海底熱水鉱床　調査技術プロトコル

　陸上の資源は人工衛星や航空機による写真撮影（リモートセンシング）で大まかに目星をつけることができます。しかし電波や光の届かない海底資源だとそうはいきません。

　「海のジパング計画」では海底資源の成因などが解明されてきました。このうち海底熱水鉱床については調査方法や探査手順が"プロトコル（定められた手順）"としてまとめられ、これに準じて試験的な掘削も行われました。こうして培われた技術やプロトコルは、将来的に他の資源探査にも応用できるでしょう。

調査技術プロトコルの概要

　熱水鉱床を探す際に、3つの目標が定められました。

1) 有望なエリアを1万分の1にまで絞り込む
2) 水深2000mまでを、高効率かつ低コストで詳しく調べる
3) 海底より下、深さ30mまでに隠れている鉱床を発見する

　そのためには下の表のように、さまざまな調査方法を組み合わせる必要があります。
　次項で、調査の一例を見てみましょう。

プロトコルにおける調査・探査の手順

	探査技術	調査項目
概査（数百km四方を調査）	音波	船舶からの地形調査・熱水プルーム調査および海底下の地質構造調査（p.19, 29）
	電気・電磁	海底設置型装置による海底下の探査（p.59）
	重磁力	船上重力計・磁力計による調査
準精査（数十km四方を調査）	音波	AUV（p.36, 41）での地形・熱水プルーム調査や、深海曳航体（えいこうたい, p.26）による反射法地震探査（p.23）
	電気・電磁	深海曳航体やAUVによる自然電位調査や電気・電磁探査（p.27）
	重磁力	深海曳航やAUVに搭載した重力計・磁力計による調査
精査（数km四方を調査）	音波	海底ケーブル型装置を用いた反射法地震探査
	電気・電磁	ROV（p.38, 41）による海底電気探査・電磁探査
	重磁力	ROV搭載型重力計・磁力計による調査

[概査]音波による熱水プルーム調査

海底から噴出する熱水やガスが音波を跳ね返すので、船舶搭載の音波センサーで熱水プルーム（海水中を上昇している熱水）の大きさや位置を捉えることができます。音波調査の結果から、海底での熱水活動が活発な地域を見つけます。広大な範囲を比較的短時間で調べられるため、船の上で大まかな調査ターゲットを特定できます。

■ 熱水プルームの抽出結果と3次元表示（音響によるイメージ）

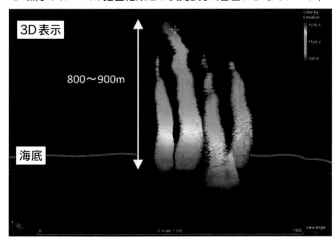

この例では、水深1300〜1600m、調査面積149km²を約12時間で調べています。

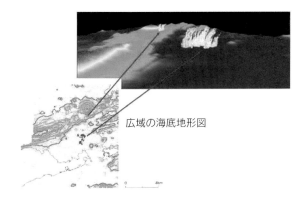

広域の海底地形図

■ 熱水噴出孔の様子（カメラ画像）

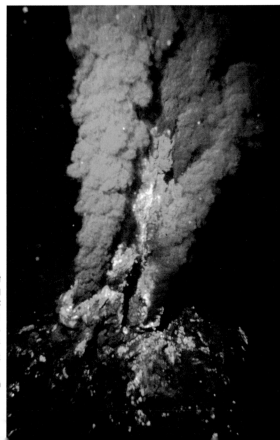

熱水噴出孔は、海水の中の噴水です。潜水調査船が撮影しました。水の中で「水」を撮影できる理由は、「低温の海水」の中に「真っ黒で高温の熱水」が海底から噴き出しているためです。まるで煙のように見えるので、噴き出す熱水は「ブラックスモーカー」と呼ばれています。熱水は、海底の突起「チムニー」の先から出ています。チムニーは"煙突"を意味します。
（画像提供：OAR/National Undersea Research Program (NURP)；NOAA)

海底鉱物資源の採掘

世界初！ 海底熱水鉱床からの金属資源の採掘に成功

◎ 熱水鉱床でのパイロット試験

　2017年8月中旬から9月下旬にかけて、沖縄近海の熱水鉱床（水深1600m地点）から鉱石を連続的に採掘することに成功しました。世界初の超高度な技術を手に入れたのです。その後の検討で、このパイロット試験に基づく経済性（採算性）はわずかに赤字であることがわかり、技術面の様々な課題も明らかになりました。今、研究者たちは課題の解決に挑んでいます。

🟦 パイロット試験の概念図（左は実際の深さスケールにあわせた図、右側は各部を拡大した模式図）

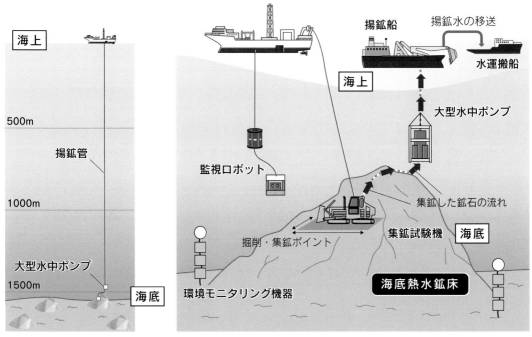

（出典：https://www.jogmec.go.jp/news/release/news_06_000315.html を元に作成）

海底探検辞書

パイロット試験：本来の意味のパイロット（水先案内人）から来ています。未知の工法やプロセスに対して道筋を作り、続く本番への案内人となるべく、規模は小さいながらも一通りのことを行うテストのことです。ここでは熱水鉱床の採鉱・揚鉱のテストを行っています。

海中での掘削・集鉱は？

深海は高圧・水中・暗闇と、陸とは異なる困難な環境です。掘削機などの重機は、自動あるいは遠隔操作で操ることになり、動力源も船からケーブルで送る電力だけです。しかも1600mの海中から採取した鉱石を船上に揚げなければなりません。長年、開発・改良を続けてきた掘削試験機や集鉱試験機を用いて実施されました。

試験機による掘削

（出典：https://www.jogmec.go.jp/news/release/release 0431.html）

2012年に試験が行われた掘削試験機（三菱重工製）

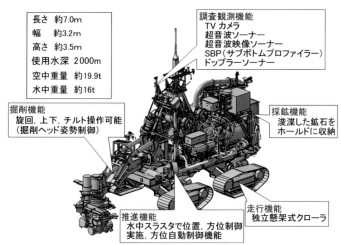

長さ　約7.0m
幅　　約3.2m
高さ　約3.5m
使用水深　2000m
空中重量　約19.9t
水中重量　約16t

調査観測機能
TV カメラ
超音波ソーナー
超音波映像ソーナー
SBP（サブボトムプロファイラー）
ドップラーソーナー

掘削機能
旋回, 上下, チルト操作可能
（掘削ヘッド姿勢制御）

採鉱機能
浚渫した鉱石を
ホールドに収納

推進機能
水中スラスタで位置, 方位制御
実施, 方位自動制御機能

走行機能
独立懸架式クローラ

（出典：『三菱重工技報』
Vol.50 No.2 (2013) p.41）

砕いて船に運ぶ

鉱石を深海底で2.5～3cm程度まで細かくして、大型水中ポンプと直径10cm・長さ約1600mの管を使って、船上まで押し上げました。16回の揚鉱試験を行って合計16.4 tの鉱石を洋上へ回収しました。累計揚鉱時間は、約1時間37分でした。現場への機材投入などの準備と採掘、機材回収をあわせて、1カ月少々の期間を要しました。

洋上に揚がった鉱石

（出典：https://www.jogmec.go.jp/about/about_jogmec_ 10_000009.html）

> **Note**
>
> 海洋の地質学的資源に関しては、調査・研究を国立研究開発法人の「海洋研究開発機構」（JAMSTEC）や「産業技術総合研究所」（AIST）が、実際の試掘・資源化については独立行政法人の「エネルギー・金属鉱物資源機構」（JOGMEC）がそれぞれ分担して研究開発を行っています。

メタンハイドレートの開発

鉱物だけではない、エネルギー資源を探せ！

◎ メタンとハイドレート

　陸地面積の狭い日本では、金属資源だけでなく、エネルギー資源も足りません。その状況を解決するかも？と期待されているのが深海底にある「メタンハイドレート」です。水の分子が組み合わさった"鳥かご"のような立体構造の中に、メタンの分子を閉じ込めたものが、メタンハイドレートです。見た目は氷のようですが、火をつけると水分子のかごに閉じ込められていたメタンが出てきて燃えます。まさに「燃える氷」なのです。

◢ メタンハイドレートが存在できる場所

圧力	温度	安定して存在できる場所
1気圧	−80℃以下	地球上にはありません
20気圧	−5℃前後	極地方の永久凍土層の下
50気圧	6℃前後	水深500m以上の深海底のさらに下
100気圧	12℃前後	水深1000m以上の深海底表層

メタンハイドレートの存在条件には、圧力と温度が関係します。

● メタンハイドレートを溶かすには

　圧力を下げたり、温度を上げたりすると、メタンハイドレートはメタンガスと水に分離します。このときメタンハイドレートからは大量のメタンガスが発生します。ガスの量は元のメタンハイドレートの体積の約170倍！

◢ 「燃える氷」といわれるメタンハイドレート

（画像提供：MH21-S研究開発コンソーシアム）

◎ 地球温暖化の抑止にも

　天然ガスの主な成分はメタンです。暖房や料理だけでなく、発電にも用いられています。しかも、メタンガスを燃やして出る二酸化炭素は、石炭や石油のおよそ半分。二酸化炭素の排出を減らして地球温暖化の抑止に繋がります。

Note

　液化天然ガス（LNG）は、体積を1/600に減らすために天然ガスを−162℃の極低温に冷やしたものです。液状の天然ガスはタンカーなどで輸送します。メタンハイドレートなら10気圧、−20℃という家庭用冷凍庫並みの低温で多くのガスを含むことができます。極低温にする必要がないため、近未来にはハイドレート方式のタンカーが登場するかもしれません。

◉ 日本近海のメタンハイドレート

海底下の地質調査に利用される「マルチチャンネル反射法地震探査（MCS）」の解析結果（地下画像）には、地層とは関係のない奇妙な影が現れることがあります。この影は海底面と平行なことから海底擬似反射面（BSR：Bottom Simulating Reflector）と呼ばれます。BSRの上にはメタンハイドレート層、BSRの下には地温の上昇によって分離したメタンガスと水が分布しています。

反射法地震探査によってメタンハイドレートの存在が推測される地域では、海底掘削を行います。海底下の物質を採取して科学調査を行うだけでなく、将来の商業的なメタンハイドレート開発の試験も行います。

▣ 反射法地震探査（MCS）

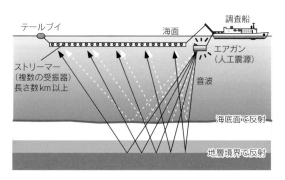

▣ 海底下のBSRの分布

（画像提供：MH21-S研究開発コンソーシアム）

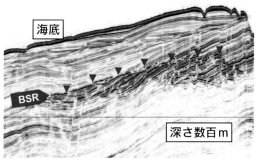

BSRは地層の傾斜とは関係なく、海底と平行に延びている。BSRより浅い場所にメタンハイドレートが分布している。

◉ 日本は資源大国？

メタンハイドレートが多く集まっている「メタンハイドレート濃集帯」は……

1) **BSRの存在**
2) **強い音波反射**：メタンハイドレートは硬く、地震探査の音波を強く反射する。このような硬い物体は日本近海の深海底の直下にあることは珍しい
3) **高速度異常**：メタンハイドレートは硬いため、音波の伝わる速度が速い
4) **高電気抵抗**：氷状のメタンハイドレートは電気を通さない

といった特徴を持っています。

BSRの分布を詳しく調査したところ、日本の周囲にはメタンハイドレートの有望株がたくさん隠れていることがわかりました。これらのメタンハイドレート埋蔵量は、日本の天然ガス消費量の数十年分になるとの試算もあります。日本の石油の備蓄量はたったの半年分ほどですから、日本近海のメタンハイドレートは膨大なエネルギーの「貯蔵庫」といえます。

▣ 日本近海のメタンハイドレート分布

◉ メタンハイドレートからのガス生産

● 第1回メタンハイドレート海洋産出試験

渥美半島（愛知県）から志摩半島（三重県）の沖合の海底下には、メタンハイドレートの濃集帯があります。ここからメタンガスを取り出す採掘実験（ガス生産）が2012年から実施されました。

メタンハイドレートからガスを取り出すには、地層の温度を上げたり、地層の圧力を下げたり、地層に特殊な薬剤を注入する方法などがありますが、圧力を下げる方法（減圧法）が最もお金がかかりません。それでも大掛かりな装置は必要です。

▼ 第1回試験工程

2012年2月～3月	事前掘削作業
2012年6月～7月	圧力コア採取
2013年1月	ガス生産の準備作業開始
2013年3月12日	ガス生産実験開始、同日ガス産出を確認

2012年から2013年かけて行われた第1回メタンハイドレート海洋産出試験では、ガス産出から6日目に、井戸内に砂が入り込むトラブルに見舞われ残念ながら実験は終了しました。1日あたりの天然ガス生産量は2万m^3（6日間の合計約12万m^3）、これは一般家庭2万戸分のガスに相当する量です。

● 第2回メタンハイドレート海洋産出試験

引き続いて、新たに出砂対策を施した2本の井戸（方式の異なる2タイプ）を用いて、第2回メタンハイドレート海洋産出試験が行われました。対策は成功しましたが、「メタンハイドレートが溶ける範囲が徐々に広がり、ガス生産量も増えていく」という予想は確認できず、技術的な課題が残りました。

▼ 第2回試験工程

2016年5～6月	事前掘削作業
2017年5月2日	ガス生産実験開始
2017年5月15日	ガス生産一時中断（出砂のため）12日間で計約4万m^3
2017年5月31日～6月28日	2本目の生産坑井でのガス生産24日間で計約22万m^3

▼ メタンハイドレート減圧法井戸の模式図

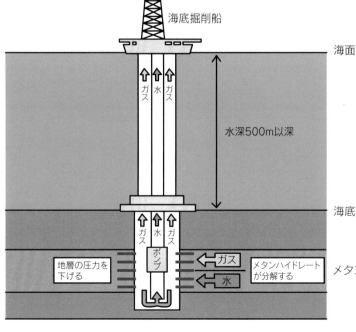

海底掘削船

海面

水深500m以深

海底

メタンハイドレート層

海底掘削船
ガス　水　ガス
ガス　水　ガス
地層の圧力を下げる
ポンプ
ガス
水
メタンハイドレートが分解する

減圧法の流れ
①ポンプで地下水をくみ上げる
②井戸内の圧力が低下（減圧）
③メタンハイドレート層の圧力が低下
④メタンハイドレートが分解
⑤ガスと水が井戸内に流入・上昇

（出典：MH21-S研究開発コンソーシアム
https://www.mh21japan.gr.jp/produce.
htmlを元に作成）

日本海では海底表層にある！

これまで見てきたのは、日本列島の南側、太平洋の近海にあるメタンハイドレートでした。ところが日本海側の深海底では、別のタイプのメタンハイドレートが見つかったのです。その名も「表層型メタンハイドレート」。音響探査では円筒形の地下構造異常が見られるので、ガスチムニー構造（地中の煙突の中をガスが上がっていく姿）を伴っていると考えられています。

表層型メタンハイドレートの様子

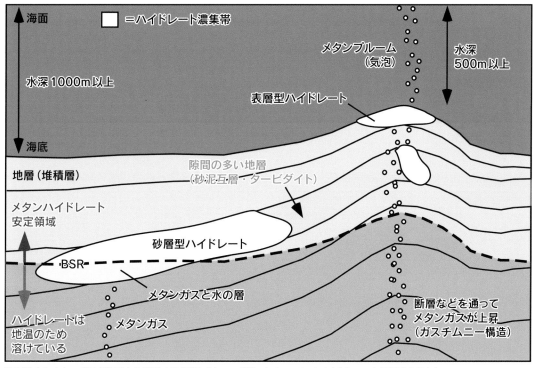

地下深くのメタンガスが海底から噴出する「ガスチムニー構造」になっています（チムニーとは煙突のこと）。

● まだわからないことも多い表層型

日本近海（特に日本海側）では、このようなガスチムニーが2000本近く見つかっています。ガスチムニーでは表層のメタンハイドレートの反射が強く、その影になって内部構造がわかりませんでしたが、さまざまな探査により内部構造も見えるようになってきました（p.27）。

とはいえ、表層型メタンハイドレートについてはわからないことが多いのも事実です。海底表層にあるため採掘しやすいように思えますが、逆にいえばフタがない状態。海底の環境を損なわずに安全な回収技術が求められますが、その技術の検討がはじまったばかりです。

海底の「お宝」を電気で探る！

日本発の海底探査技術！　電気抵抗がカギ！

◉ メタンハイドレートは電気を流さない

　新たなエネルギー資源であるメタンハイドレートの多くは海底の下に隠れています。どうすれば見つけることができるのでしょうか？　メタンハイドレートは「燃える氷」。氷は電気をほとんど通しません。この性質を利用すれば、海底の下のどこに・どれくらいの厚さで、メタンハイドレートが埋もれているかを探ることができます。

　そこで、日本の研究チームは海底に微弱な電気を流して地層の電気の通り方を調査する装置（海底電気探査装置）を開発しました。この装置を使って、新潟県の沖合の海底をスキャンするよう

に調査したところ、電気抵抗が非常高い物質が、海底下のあちらこちらに広がっていることがわかりました。さらに、海底をカメラで観察したところ、電気抵抗の高い地域では海底面が白く変色していました。これらはメタンハイドレートだったのです。このことから、電気を使えば海底の下に埋もれているメタンハイドレートを見つけ出せることが証明されました。海底電気探査によって得られた断面図を詳しく見てみると、メタンハイドレートは地層のように水平方向に分布しているだけではなく、"氷の柱"として海底の下のところどころに存在していることが明らかになりました。ガスチムニー構造（p.25）の一部（煙突部分）はメタンハイドレートからできているのだと予測されます。

🌊 海底電気探査の概念図

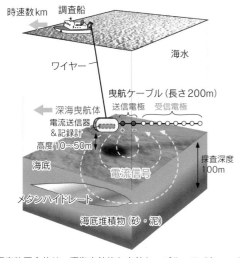

探査装置全体は、深海曳航体と曳航ケーブル、ワイヤー、そして調査船に搭載した制御装置から構成されています。新幹線6両分よりも長い曳航ケーブルを、海底にぶつけずに海底スレスレを引っ張って進みつつ（神業です！）、微弱な電流信号を海中や海底に流します。こうすることで、穴を掘らなくても、海底より下を連続的に探査することができます。

海底電気探査装置の海中投入作業の様子。曳航ケーブルはすでに海の中に投入済み（点線）。

🔵 新潟県の沖合での海底電気探査の結果

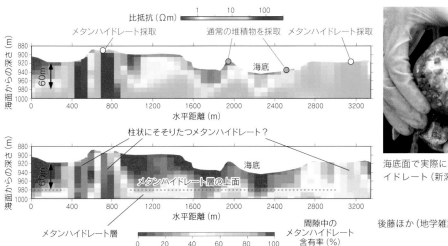

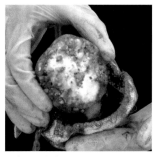

海底面で実際に採取されたメタンハイドレート（新潟県沖合）

後藤ほか（地学雑誌、2009）

海底下の電気抵抗（比抵抗）の分布を可視化。○印は、実際に海底面で堆積物を採取した地点。電気抵抗値（上）から、メタンハイドレート分布（下）に換算。堆積物の粒子（砂や泥）の隙間（間隙）を、メタンハイドレートがどの程度充填しているのか数値で表示。値が高いほど、地層中のメタンハイドレート量は多いと考えられます。

◎ 海底温泉と宝の山

　海底火山の周りには銅・鉛・亜鉛や金・銀を多く含む宝の山、海底熱水鉱床（p.18）が海底面付近に作られます。日本には多数の海底火山があるため、海底熱水鉱床もたくさんあると思われます。そこで日本の調査チームは、海底電気探査を用いて海底熱水鉱床の海底下の様子を探ってみました。沖縄沖での探査例をみてみると、海底面に露出している熱水鉱床とは別に、海底下40m付近にも層状の熱水鉱床があることがわかりました。海底下に分布するキャップ層（水を通しにくい地層）の影響で、この「二階建て」の熱水鉱床が形成されたのだと考えられます。このような発見は世界初です。

🔵 沖縄沖での海底電気探査の結果

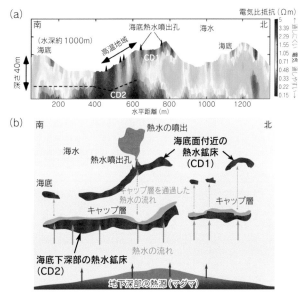

図aは、海底電気探査によって明らかとなった、海底熱水鉱床地域の海底下の電気抵抗（比抵抗）分布。CD1やCD2の付近は電気を通しやすいので、金属成分を多く含む熱水鉱床と考えられます）。点線は音波探査から推定されるキャップ層（不透水層）の位置。図bは「二階建て」の熱水鉱床の形成メカニズム（模式図）。

海底財宝を「科学的」に探す！

❖ 海底には金銀財宝が眠っている？

海底の宝といえば、宝箱や金銀財宝ですよね。海底にはたしかに膨大な財宝が沈んでいます。例えば2015年に米フロリダ沖で、1億円相当の金貨や銀貨が見つかりました。約300年前のスペインの沈没船のものでしたが、ここには他にも船が沈んでいて、財宝の総額は400億円を超えるそうです。同じ2015年には、南米コロンビア沖でもスペイン軍艦の沈没場所が特定されています。ここには2400億円相当の財宝が眠っているとか。

はたまた、フィンランド沖のバルト海の難破船からは、約200年前の高級シャンパンが何十本もみつかりました。保存状態がよく飲むこともできます。この世界最古のシャンパン、1本のお値段はなんと300万円！

さらに一風変わった「お宝」もバルト海で発見されています。直径70mの円盤型の謎の物体です。もしかしたら、海底に沈むUFO？

🌊 海底の「宝」の音響映像（サイドスキャンソナーによる撮影：次のページ）

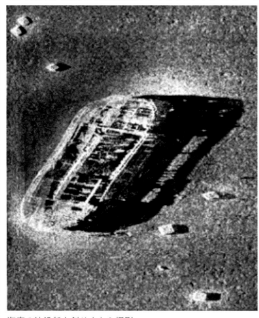

海底の沈没船を斜め上から撮影
（提供：オーシャンエンジニアリング株式会社）

海底に立つタワーを上から撮影。漁礁？　縦の縞模様は、海底の水流（底層流）によってできた自然の砂紋（リップルマーク）
（提供：オーシャンエンジニアリング株式会社）

❖ 音波が宝探しに大活躍！

海底の財宝発見が最近相次ぐのには理由があります。海底調査装置の進化です。例えば、船から水中に向けて送った音波が海底で跳ね返って戻ってくるまでの時間を測れば、海底の深さがわかります（マルチビーム測深機）。また戻ってくる音波の強さから海底の硬さを写真のように撮影することもできます（サイドスキャンソナー）。しかも船の直下だけでなく、船の左右の海底の凹凸（海底地形）や硬さ（底質）も航走しながら測定できるので、効率よく海底を調査できます。

これらの装置は、海底の科学的調査や墜落した飛行機の捜索などに盛んに用いられてきました。近年は装置の小型・軽量化が進んだので、宝探しや海底遺跡調査にも用いられているのです。さらに、水中ロボットを用いた海底調査も普及しています。ロボットの小型化が進んでいるので、「トレジャーハンター」は今後も増えるでしょう。

■ サイドスキャンソナーでの海底調査

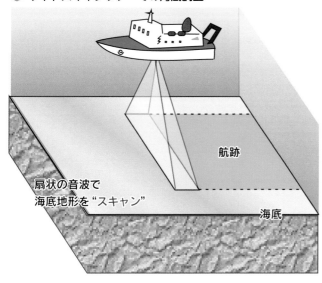

航跡

扇状の音波で
海底地形を"スキャン"

海底

海底の音波反射係数の
分布をスキャンできる。

■ 海底の宝探しの方法（海底の科学的調査の手順と実はほとんど同じです）

探査の各段階	探査の内容	探査の方法
Step 1 まずは下調べ	古文書や古地図、広域の海底地形や海流などを調べて、目的の海域を絞り込む	・文献調査 ・既存の海底地形データ ・気象・海象データ
Step 2 広めの海域を探査	目的海域内を船で走って、海底地形や底質を調査して、目標物周辺を探索	・マルチビーム測深機 ・サイドスキャンソナー ・船上磁力計、曳航式磁力計
Step 3 潜って調べる	海底の目標物の近くまで潜っていき、映像を撮影。一部の試料を採取	・深海曳航体（深海カメラ） ・無人探査機（水中ロボット） ・潜水士（浅い海の場合）
Step 4 本格的に発掘	沈没船や海底遺跡を保全しつつ、宝物を詳しく調査	・無人探査機や潜水士 ・サルベージ（船の引き上げ）

超深海に魚がいた！

超深海が撮れるのなら、未知を求めて研究者は挑戦する

◎ 生き物はどのように暮らしているか？

深海の生物には不思議がいっぱいです。1960年、アメリカのトリエステ号でチャレンジャー海淵に挑んだジャック・ピカールとドン・ウォルシュは水深10000mより深い地点で「ヒラメのような平たい魚を見た」と報告しましたが、後になにかの見間違いだとされました。そんなに深いところでは魚が生きていけないはずなのです。

● 生物を探る観測機器

超深海底での生物の暮らし、それを確かめるため、正確な水深を測れる装置と、深海での環境を知るための各種装置を搭載した観測機器「フルデプス・ミニランダー」を用いた調査が2017年8月にマリアナ海溝にて行われました。

● フルデプス・ミニランダーとは？

人の身長より、ちょっと大きい小型の観測装置です。水温・塩分・水圧の観測装置があり、耐圧ガラス球には4Kカメラを備え、上部の褐色の箱は浮力体です。タイマーで指定日時に撮影でき、調査船からの超音波信号（もしくはタイマー）でオモリの切り離しを行って浮上します。

● カメラ部分はどうなっている？

フルデプス対応の耐圧ガラス球には、最新の市販4Kカメラ（ソニー製）と予備の小型4Kカメラ（GoPro）、タイマー制御回路、バッテリーを内蔵。カメラの下にオモリを付けて潜航します。

💬 **フルデプス・ミニランダーの概観**

海底探検辞書

フルデプス（最大深度）：超深海、地球の海の最深部まで潜行することを意味します。最深部とは、マリアナ海溝チャレンジャー海淵の水深10920mのことですが、見つかっていないだけでさらに深いところがあるかも知れません。耐圧性能面で1200気圧（水深12000m）の潜行性能を持つ装置をフルデプス対応型としています。

⦿ ランダー、着底せよ！

フルデプス・ミニランダーの形は、アポロ計画で月に行った月面着陸船に似ていますね。ランダーのカメラ前方のフレームに、生き物をおびき寄せるためのエサ（サバ）を取り付け、マリアナ海溝の水深7498mと水深8178mの2地点で調査が行われました。

🏴 水深7498m

2017年5月14日、最初に現れたのはヨコエビの仲間でサバを数時間で食い尽くしますが……、ランダーの着底から3時間37分後、体長20cmほどの「シンカイクサウオの仲間」（写真中央下）が現れます。その後、群れになってランダー周囲を遊泳する姿がしっかり録画されました。

Credit:
Mariana Trench National Wildlife Refuge
U.S. Fish & Wildlife Service
Department of the Interior

©JAMSTEC/NHK

深海とは思えないほど鮮明な映像が捉えられました。右側のサバは、すでにヨコエビの仲間に食われて骨だけになっています。またここには大型のヨコエビの"ダイダラボッチ"（Alicella gigantea）も現れました。

🏴 水深8178m

そして2017年5月18日に水深8178mへの挑戦です。ここでもシンカイクサウオの仲間が現れました！ ランダー着底から実に17時間37分後、たった1個体でしたが、この深度にも確かに生きている魚がいたのです、世界記録の映像でした。

Credit:
Mariana Trench National Wildlife Refuge
U.S. Fish & Wildlife Service
Department of the Interior

※その後、2022年には伊豆・小笠原海溝の水深8336mでもシンカイクサウオの仲間の泳ぐ姿が録画されました。これが現時点では「最深記録」です。

©JAMSTEC/NHK

比較的小型のヨコエビが群がる（写真左）向こうから、シンカイクサウオ（写真中央）が遊泳して接近しています。なお、映っているかどうかは、ランダー浮上後に回収し、カメラの記録映像を見るまでわかりません。

手作りライトが大活躍！

　水深8170m地点の超深海で、シンカイクサウオの仲間が鮮明に撮影されました！　映像の美しさの秘密はライトです。

　フルデプス・ミニランダーの左右には一灯ずつ撮影照明用のLEDライトが付いています。高輝度LEDがケースの中に並んでいます（下の写真のうち、右下）。省エネライトですが100Wの白熱電球と同じ光量で、広い範囲を効果的に照らせます。しかし、この透明なケースどこかで見た気がします。

　これは研究者の手作りで、100円均一ショップで見つけたプラスチックケース（お弁当箱）にLEDを入れ、上からエポキシ樹脂で固めたものだったのです。安価に製作できますが、水深11000mの水圧（約1100気圧）に耐え、何度も使えるのです。

コストを抑える工夫が随所に

　夜間に洋上へ浮上したフルデプス・ミニランダーは自ら閃光を発して、船に居場所を知らせます。この発光装置「フラッシャー」も手作りです。こちらはペットボトルが型として使われました。独特の形状がユニークですね（下の写真のうち、右上）。さらに、浮力体に巻かれた反射テープがサーチライトや日光にキラキラ光って見つけやすくなっています。

　同じ方式のライトは、他の海底観測装置でも使われるようになりました。無造作に作られたように見えるのに、実はスゴイ性能を持っていて研究や探査に役立っている。未知の超深海は、研究者にとってもフロンティアで、機器開発意欲を刺激する場所でもあるのです。

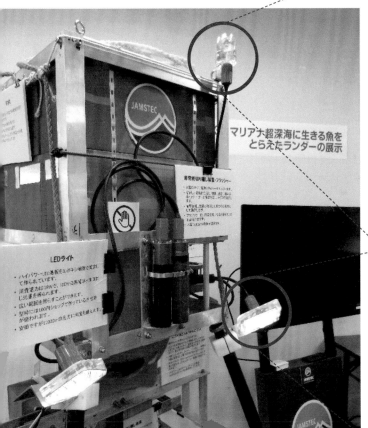

マリアナ超深海に生きる魚をとらえたランダーの展示

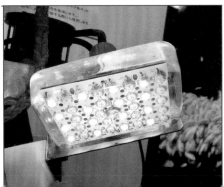

小栗一将 さん

南デンマーク大学 デンマーク超深海研究センター

「この世にないのなら、作っちゃえ」

海底にはどんな生物が暮らしているのか？ どのように暮らしているのか？ それを調べるためには、海底にセンサーを置いて直接測定することが必要です。南デンマーク大学 デンマーク超深海研究センターの小栗一将准教授は、そんな測定装置を自作しています。

小栗博士と、自作装置「ランダー」

「海底環境を調べるセンサーですが、日本ではほとんど研究されていないのです。ヨーロッパがメチャメチャ進んでいます」と小栗博士は語ります。数千mの深海で、海底表層のなんと「数mmの範囲の環境」を調査する必要があるそうです。
「マイクロメートルの位置の精度で、細いセンサーをフワフワした泥が積もっている海底に突き刺して、酸素

濃度の深さによる違いを測るんです。相模湾の深海底で調べると、海底から5〜6mmの深さで酸素がなくなっちゃう。そういった細かいデータから、海底でどれぐらい酸素が消費され二酸化炭素が出てくるかを計算します」。海底表層での研究は、化学と物理と生物（微生物）といった、様々な理科分野の境界領域なのです。

ところでヨーロッパの技術が、日本に比べて一方的に進んでいるというわけでもないそうです。
「大変だったのはマリアナ海溝の水深10900mでの海底表層調査でした。2010年頃、私は日本で研究をしていて、イギリス・デンマーク・ドイツの合同チームと共同で調査研究を行いましたが、彼らの観測装置に問題が発生しました。装置を海底から浮上させるための“浮力材”（浮き）を手に持ってみると、しんかい6500で使っている浮力材とは様子が違う。何か変だぞ？ と感じたので陸上で耐圧試験をしてみると、なんと深海8600m相当の水圧で潰れたんです！」

調査船の出港までの限られた時間内で、日本の技術者たちが総出でデンマークの装置を大改造！ その結果、見事に水深10900mでの調査・回収に成功したそうです。

タッパーに入ったゼリー？ いえいえ、これぞ深海での調査を支える重要アイテム、新型の深海カメラシステム用のバッテリー。「従来品は値段が高くて、納入まで時間がかかる。なので市販の充電式バッテリーで動くカメラシステムを自分で作り直したのです」

海底資源を育てる新発想

野菜のように"育てて収穫"のサイクルを作れ

海底の鉱物資源はどこから？

土の中に埋もれている鉱物資源は、普通は地面から掘り出して利用したらそれっきりで、増えることはありません。しかし、海底の熱水から生まれる鉱物資源はちょっと違います。

マグマの熱で温められた深海の熱水は、高い水圧のため沸騰しないでいます。このような高温高圧の水は異常なほど金属元素を溶かし込みます。この熱水が海水で冷やされてできた熱水鉱床（p.18, 27）は地下から熱水が供給される限り、だんだんと大きくなっていきます。

従来の熱水鉱床探査では、すでに形成済みの熱水鉱床を探してきました。その後、探査技術が向上すると海底下の状態も「見える」ようになり、どのような場所で熱水が湧出するのかがわかってきます。もしも、今にも噴出しそうな所を針でプスッとついたら何が起きるでしょうか？

人工熱水噴出孔の研究

2010年9月、沖縄本島の北西150kmにある中部沖縄トラフの深海底熱水活動領域に、地球深部探査船「ちきゅう」（p.78）を使って複数の人工熱水噴出孔が作られました。水深1000mの海底地下にたっぷりと熱水が溜まっていそうな場所を探して穴を掘り、その上にステンレス製の管を置いて2年以上観察したのです。

人工熱水噴出孔の様子

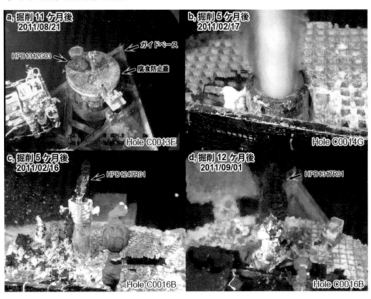

掘削直後は黒味を帯びた熱水を噴出、数カ月後には通常の熱水となり、周囲に小規模なチムニーが形成されています。

ぐんぐん成長するチムニー

人工的な熱水噴出孔は複数作成されました。その中でも、裸孔（海底を掘ったあとに金属管を挿入せず、そのままにしておいた穴）は直径50㎝ほどの噴出孔となり、そこでチムニーが急成長したのです。掘削からわずか5カ月で高さ6m超のチムニーが確認されました。採取の際にチムニーは崩れてしまいましたが、その半年後には高さ8mのチムニーが再びできていました。

チムニーの成長の様子

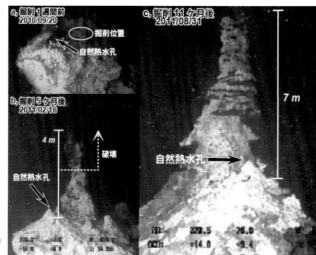

自然熱水孔の近くに人工熱水噴出孔を開けると、5カ月で6mを超えるチムニーができ（上は高すぎて、暗くて見えていません）、一度崩れたものの半年で前より長く成長。単純計算で1日約4cmものびたことになります。

熱水鉱床（黒鉱）"養殖"装置

人工熱水噴出孔の周囲にできたチムニーの岩石を採取して調べたところ、天然のチムニーと同じように、銅・鉛・亜鉛を多く含む熱水鉱床であることがわかりました。同様の組成を持つ鉱床は陸上でも「黒鉱鉱床鉱石」として採掘されるのですが、それよりも新鮮です（最長でもできてから25カ月）。

人工熱水噴出孔によっては、噴出の勢いや温度をコントロールすることで特定の鉱物を析出しやすくできるはずです。このような「熱水鉱床（黒鉱）"養殖"装置」の試作機の開発が進んでいます。深海という過酷な環境で、持続可能な金属資源の開発に、日本の研究者が挑んでいます。昔話の「打ち出の小槌」が現実になる？？

ウルツ鉱の結晶

裸孔の急成長チムニーで目立ったのは、電子顕微鏡で小さな六角柱状の結晶に見えるウルツ鉱（閃亜鉛鉱の仲間）でした。大きな縦孔から穏やかに噴出し、ゆっくり冷やされてできたと考えられています。

新たな探査技術

海中・深海に科学の新たなツールを使って挑む

レーザーの目で細かく見る

海底の凹凸や沈没船を探すためには音波がよく用いられます(p.28)。でももっと詳しく調査したい！　そこで新たに開発されたのが、深海用の「3Dレーザースキャナー」です。自律型無人潜水機（AUV：Autonomous Underwater Vehicle）の「おとひめ」に技術試験機が搭載され、2015年10月に調査海域で使われました。

深海では人工的な明るい光が届くのは数m程度、探査機は海底の狭い範囲を見るので精一杯です。一方、音波は10km以上の遠くでも届きますが海底の細かな様子はわかりません。3Dレーザースキャナーはその中間、直進性の高いレーザー光の性質を利用し、AUVから対象物までの距離を正確に読み取ります。

3Dレーザースキャナー仕様

		2013年版	2015年版
サイズ		φ240×580mm	φ200×535mm
重量	（空中）	27kg	17.2kg
	（海中）	-3.5kg	2.1kg
耐水圧（水深）		650m	1000m
探知距離		20m以上	20m以上
視野角		120度	120度
分解能（最高）		数cm	31mm

AUVおとひめと、下部に取り付けられた改良型の3Dレーザースキャナー

AUV「おとひめ」は2012年完成した水中ロボットです。最大潜航深度は水深3000mで、海底に降り立って観測することが得意です。長さ2.5m・幅1.4m、最高速度1.5ノットで水中を進むことができます。2015年、「おとひめ」を用いた3Dレーザースキャナーの試験が行われました。2013年の一次試験機よりも小型軽量になり性能や耐水圧も向上しています。

レーザー光は"点"の読み取りですが、内部の機械で"線"の情報にし、低速で航行することで線を並べて"面"のデータにします。海底のすぐ近くを航行しなくてよいので、熱水の噴出があっても探査機への悪影響を避けられます。

海底探検辞書

レーザー光：透明な鉱物（人工結晶）やガス、半導体を用いて増幅させた光です。光の波が揃っているために、拡散しないで遠くまで届きます。単波長（単色）の光で、3Dレーザースキャナーでは波長532nm（緑色）のレーザー光が使われました。

◉ 海穴を探る

伊豆大島南方約20kmの大室ダシと呼ばれる海域で、自動航行によるテストが行われました。ここは水深100m程度のなだらかな斜面になっていますが、一部では深さ100mほどの深い穴（海穴）が開いています。AUV「おとひめ」はあえて、この大きな穴の底に降りていき、複雑な海底を立体的に詳しくスキャンしました。その結果ごく小規模のチムニーなど、従来の音響観測技術では発見できないような細かな海底の起伏を見つけることができました。

🟪 レーザースキャニング画像

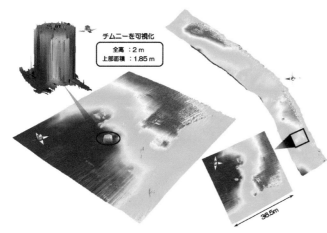

チムニーを可視化
全高：2m
上部面積：1.85m

36.5m

大室海穴は、全長は約800m、幅100〜300m（深さ100m）の規模があります。ここはかつての海底火山の噴火の跡（カルデラ）だと考えられていました。そこをAUVの自動制御（海底面からの高さ15mに設定）で航行し、3Dレーザースキャナーで海底の様子を詳細に描きだしました。その後の詳しい調査の結果、この大室ダシは現在も活発な海底火山であることがわかりました（2022年）。

きっと近い将来、大まかな音響探査のあと3Dレーダースキャナーを使ってカメラで撮影する……のように段階を追って気になるところが調べられるようになるでしょう。また、AUVなどの無人探査機にとって危険な場所（衝突の恐れのある細かな凹凸、高温で機器のセンサーが壊れるかも知れない熱水）でも、自動操縦で調査をできるようになります。広大な海の探査を自動化するのに欠かせない技術といえます。

海穴の凹みをなぞるように飛ぶなんて水中ロボットはすごいね！

海底を自由に歩きたい

最新機器が満載！　開発中の海底調査システム

◉ 海底でも同じことができれば！

陸上の地質や生物をよく調べようとするとき、現在も昔ながらの方法が使われます。人工衛星や航空機での上空からの観察（リモートセンシング）で大まかな目星を付けたら、人が現地を歩き回り、周囲をよく観察し、できるならサンプルを採取して持ち帰り、実験室で詳しく分析します。

しかし海底（特に深海底）を人が歩くわけにはいきません。海底でも同じように調べるには、「周囲を観察する目」、「自由に歩き回る足」、「サンプルを確実に採取する手」が必要です。それを実現しようとするのが水中ロボット用の『高効率

海中作業システム』。水深3000mの深海で、海底の下から長さ60cm分の地質サンプル（コア）を採取する目的で開発されています。

開発中の全周囲画像表示システム、コアリングシステム、クローラーシステムはそれぞれ必要とする技術分野が異なるため、3社が個別に開発して1台に統合しています。自動車メーカーも開発に参加しています。2016年11月には、実際の海での試験が行われました。

■ 汎用ROVに高効率海中作業システムを搭載したところ。海底を歩き回るぞ！

■ 高効率海中作業システム

全周囲画像表示システムが目に相当します。前だけでなくて、横や後ろ、360度を撮影して、水中ロボット（ROV）の周りがどうなっているかを即座に把握できます。コアリングシステムが手、クローラーシステムが足の役割をし、遠隔で操作されます。

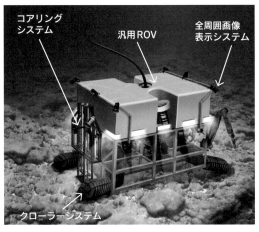

コアリングシステム　汎用ROV　全周囲画像表示システム

クローラーシステム

人の代わりをする機械

それでは高効率海中作業システムに搭載された目・足・手の各要素を見ていきましょう。今後、実際の海洋海底でのテストを繰り返し、改良を進めながら資源探査や海底土木工事の現場での運用が予定されています。

自動車用アラウンドビューモニターを応用した「全周囲画像表示システム」

死角ができやすい自動車の車庫入れには、熟練と周囲への注意が欠かせません。車の4カ所につけられたカメラの画像を合成処理し、真上から見ているように表示するのが日産自動車のアラウンドビューモニター。同様のシステムを高効率海中作業システムに搭載し、操作性を向上させようというのが「全周囲画像表示システム」。JAMSTECと日産自動車が共同開発しました。

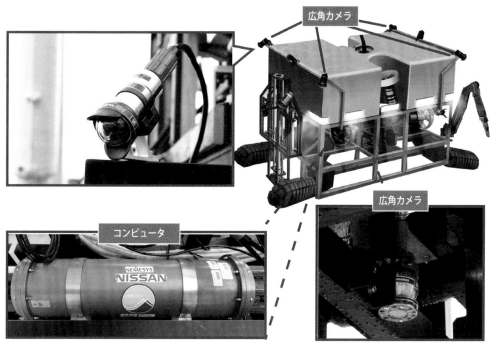

4隅の広角カメラで撮影、コンピューターで歪みをなくして一枚の映像にします。制御用コンピュータはアルミ製の円筒形耐圧容器に収納されています。

4つの脚で全方向に自由に移動できる「クローラーシステム」

悪路に強いキャタピラ（クローラー）を採用しています。横への移動には左右のクローラーを反転させ、その場で回転して方向を変えなければなりませんが、海底では泥を巻き上げてしまいます。これを避けるため、特殊なクローラーをトピー工業とJAMSTECで共同開発しました。このクローラーは前後に動くとともに左右方向に回転できます。それを4台搭載したのが「クローラーシステム」です。

海底の岩石をそのまま抜き取り持ち帰る「コアリングシステム」

海底の地質学的サンプルをていねいに採取して、層を崩さず、そのままの状態で持ち帰る！　これを水中ロボットで実施することは研究者の長年の希望でした。特に岩盤に付着しているような鉱物の成因を知るためにも正確なコアが必要です。そのニーズに応えるべく、日油技研工業とJAMSTECが共同開発したのが「コアリングシステム」です。パイプ状のドリルで掘削し、強い力でコアをもぎ取ります。

ようこそ！　海中ロボットの時代へ

無人の海中・海底探査機はどこまで進化する？

◎ 水中ロボットの必要性

　人類が容易に到達できない深海、そこを調べるには水中ロボット（正式名称は無人探査機）を使うのが最も有益です。深海にいる探査機がどのような状態にあるのか？　それがリアルタイムでわかれば、人間の頭脳はすぐに考えて対応し遠隔で操縦を行います。そのためには操縦する側（コントロール室）と、端末（探査機）の間で即座に通信できないとなりません。通信手段には電波・光・音波が考えられますが……。

- 電波（電磁波）：海水中ではほとんど使えません。レーザー（p.36）を使った通信も開発中です
- 音波　　　　：情報量が少なく遅延が著しいため、即時対応できません
- 光ファイバー：大容量で高速ですが、船と探査機を有線でつなぐので探査機の行動が制限されてしまいます

　通信が遅いと対応・回避できないため、遠隔操作には限界があります。かといって、有人潜水艇（p.42）にはコストの問題があり、数も限られます。
　深海で探査機が自動的に動いてくれれば、通信の問題は解決できます。陸上では自動車の自動運転技術が発展しようとしています。また空中でも宇宙でもドローンなど自律操縦が盛んです。それならば海中にも、自律型の無人探査機が活躍できるはずです！

◎ 最新ロボット掃除機の常識

　今や家庭用掃除機でさえ、バッテリー動作のコードレスかつ自動運転です。スイッチを入れるだけで障害物を検出して避けながら、室内を隅々まで効率よく掃除し、バッテリーの電力が減ったら充電器のところに自動的に戻る機種もあります。すべてが掃除機本体の自律的な動作です。
　海底探査と室内掃除は違うものですが、海底を隅々まで調査しながら障害物を自動的に避け、ゴミの代わりにサンプルを採取し、バッテリーで動作する。自律的に動く機械「ロボット」としての要素はそっくりです。自律型のロボット探査機こそ、未開の海中・海底を探る有用な手段なのです。

ロボットは
おうちのお掃除から海底
の探検まで大活躍だね!!

海底探検辞書

ROV、AUV：ここで海中ロボットに関する略称についてまとめておきます。ROVは遠隔操作型無人潜水機（Remotely Operated Vehicle）の略です。AUVは自律型無人潜水機（Autonomous Underwater Vehicle）の略で、UUV（Unmanned Underwater Vehicle）と呼ばれることもあります。

ROV：遠隔操作式の無人潜水機

ROVは、動力となる電力および通信線のケーブルで船と繋がれ、人が船上から遠隔操作できる無人探査機です。簡易な推進（方向転換）装置とカメラだけを積んだ小型ROVから、海中での特定重作業用に開発された海中重機のような大型のROVまで、さまざまな使われ方をします。

🟦 無人潜水機「かいこう Mk-IV」

2014年から深海調査研究船「かいれい」を母船として運用が開始された、水深7000mのROVです。初代の"かいこう（潜航深度11000m級）"の子機は壊れてなくなりましたが、その後、"かいこう7000（同7000m級）"、"かいこう7000 II"と改造されてきました。4代目となる「かいこう Mk-IV」は、水深7000mでの重作業を目的に、新規に開発・建造されています。深海を見るカメラが最新のものとなり、300kgの荷物を運べ、250kgのものを扱えるマニュピレーターを装備し、上昇・下降の推力は最大600kg、パワーあふれるROVといえます。

AUV：自律型の無人潜水機

AUVは遠隔操作式のROVと違い、潜航中は船からの指令なしで海底探査を行うことができます。将来的には複数の探査機やランダーがお互いに連携してより複雑なミッションをこなせるようになるでしょう（無人探査機複合観測システム）。さらに、人工衛星とリンクした高速な遠隔通信網の整備、海中での充電システムの構築などの計画もあります。

🟦 高い汎用性を持つ「うらしま」

「うらしま」は1998年から実験機として開発され、2005年には自律型無人探査機として世界最長の自動航行記録317kmを達成しました。2009年には実用機として完成し運用が始まりました。機体のサイズが大きいのが特徴で全長は10m（中型トラック並）。さまざまな試験装置を積むことができるペイロード（貨物スペース）があり、採水器や重力計など最新のセンサーを搭載できます。探査型のAUVとして世界最大クラスのため、運用には大型クレーンのある専用の支援船が必要です。最大使用深度は3500mです。

深海探査の切り札「しんかい6500」

有人潜水調査船「しんかい6500」

深海に潜ってこの目で見る体験をできるのが素晴らしいですね!!

しんかい6500の内部構成（2012年の大規模改修後）

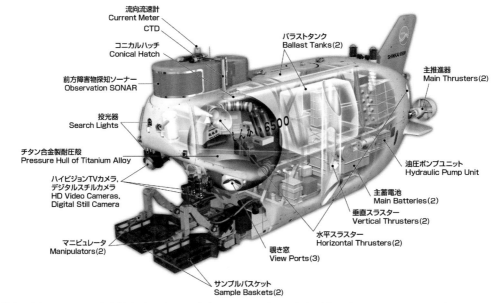

流向流速計
Current Meter
CTD

コニカルハッチ
Conical Hatch

前方障害物探知ソーナー
Observation SONAR

投光器
Search Lights

チタン合金製耐圧殻
Pressure Hull of Titanium Alloy

ハイビジョンTVカメラ、
デジタルスチルカメラ
HD Video Cameras,
Digital Still Camera

マニピュレータ
Manipulators(2)

サンプルバスケット
Sample Baskets(2)

覗き窓
View Ports(3)

バラストタンク
Ballast Tanks(2)

主推進器
Main Thrusters(2)

油圧ポンプユニット
Hydraulic Pump Unit

主蓄電池
Main Batteries(2)

垂直スラスター
Vertical Thrusters(2)

水平スラスター
Horizontal Thrusters(2)

前方の内径2mのチタン合金製耐圧殻の中に、3名（パイロット2名、研究者1名）の乗員が入ります。2018年から、パイロット1名、研究者2名での調査潜航も開始されました。

■ 「しんかい6500」の仕様

サイズ	全長9.7m×幅2.8m×高さ4.1m
空中重量	26.7t
最大潜航深度	6500m
潜航時間	8時間
ライフサポート時間	129時間

❖ 深海ブームはここから！

　深海といえば「しんかい6500」。水深6500mまでの深海に潜れる“有人潜水調査船”です。日本で唯一の存在で、世界的にみても水深6000m以深の超深海帯で比較的自由に活動できる有人の潜水艇は数台しかありません。近年は民間企業も深海調査に進出してきていて、深海用の潜水艇の数は少しずつ増えています。

　水深6000m以深は海の2％、そんな世界にわざわざ人が行かなくても？　との声も多い中、30年近くの間、1500回以上も挑戦し続けてきた有人潜水調査船こそ「しんかい6500」なのです。

調査のスケジュール：着水・浮上時の安全のため日中作業が基本です。1回の潜航時間は8時間、水深6500mへの潜航・浮上（往復）に5時間かかるため、海底での調査時間は約3時間です。

❖ 改良と改善

　1989年に完成した「しんかい6500」ですが、それからもバッテリーを大容量のリチウムイオン電池に交換するなど各部の改良が行われてきました。2012年3月、推進・操縦系を大きく変更する大規模改修が行われました。その後も船外照明をすべてLEDに換え、慣性航法装置を改良するなど、改善がなされています。

● 後部

　大規模改修で、主推進器を1台の大型装置から後部両舷2台に変更、水平スラスタも追加。速力と旋回性能、操作性が向上しました。

● 前部

　耐圧殻内の居住性も改善され、従来のパイロット2名・研究者1名の体制から、パイロット1名・研究者2名の調査研究重視体制に移行しようとしています（2018年10月に実施）。

● そのほか

浮力材：しんかい6500を始め、深海探査機の多くには「シンタクティックフォーム」が使われています。一見するとレンガのように見えますが、小さなガラス球をエポキシ樹脂で固めたもので水に浮きます。ブロック状で、仮にヒビが入っても浮力を保ちます。

窓：研究者が直接外部を見るための透明窓、深海の水圧に耐えるためスリ鉢状になっていて厚さ138mm。材質はある程度の柔軟性があるメタクリル樹脂です。

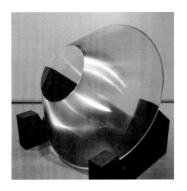

第 2 章

地震と火山と海の底

海の底のさらに下を探る

火山と地震

日本列島の成り立ち

日本の陸地の地質を調べると古生代の貝の化石が見つかります。海底にあった貝の化石がなぜ陸上で見つかるのでしょうか？　当時の日本列島はユーラシア大陸の東端の海底で、今とは異なるまっすぐな形でした。その上にジュラ紀・白亜紀の堆積物などが加わり、さらに地殻が隆起して山脈や火山が作られました。活発な地殻変動は、地球表面を覆う岩盤（大陸プレート、海洋プレート）が日本周辺で押しあったためです。このような岩盤の運動をプレートテクトニクスと呼びます（p.48）。

新生代・新第三紀の前半（中新世）になると、大陸プレートの端が、海洋プレートの沈み込みに引きずられて、大陸から引き剥がされました。こうしてできた島々が日本列島です。大陸と島々の間の凹みには海水が流れ込んできて、現在の「日本海」ができました。

日本列島の原型ができるまで

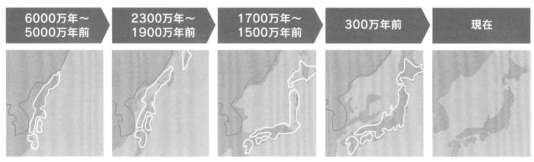

6000万年～ 5000万年前	2300万年～ 1900万年前	1700万年～ 1500万年前	300万年前	現在

押され続ける大地

日本列島付近では4つのプレートがひしめき合っており（p.49）、地球全体で見ても特別な場所です。海洋プレートが潜り込んでいるところでは海溝型の巨大地震が発生します。また地下深くに沈み込んだ海洋プレートの上では、水を含んだ高温のマントルが押し上げられてマグマが作られ、それが地表に噴出して火山になります。これら地球の活動によって日本列島が作られたのです。

プレートの潜り込む場所では、海底も引きずり込まれるために、深い海（海溝・トラフ）が形成されます（p.49）。地震（津波）や火山噴火は恐るべき災害ですが、災害の原因を理解して被害を減らすためには、海洋の調査、特に深海底の探査が大切です。

海（水）に囲まれた日本

日本列島にはもう1つの地理的特徴があります。それは海に囲まれているということ。海＝大量の水ですから水の性質が関係してきます。水には温まりにくく冷めにくい、すなわち熱をたくわえる能力「比熱」が高いという性質があります。

地球の表面を暖めているのは太陽光です。赤道付近は暖かく大気に上昇流ができ、両極地域などでは大気が冷やされて下降流ができます。この大きな大気の対流の動きに地球の自転の力が加わって、「大気循環」が起きます。

大気循環によって風が吹けば海の水も動きますし、海の水も対流によって上下動します。しかし、大陸にぶつかるとそこで方向を変え陸地に沿って流れます。これが海流です。

世界のおもな海流

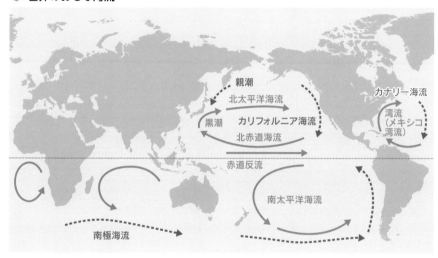

黒潮とも呼ばれる日本海流と対馬暖流の2つの大きな暖流が南の暖かさを運び、親潮（千島海流）とリマン海流という2つの寒流が北から栄養塩に富んだ海水を運んできます。

 気象災害の通り道

大気循環も海流も低緯度地域の熱を極地域に運び、地球の温度を平均化していますが、ここで水の比熱の高さが関係してきます。水の比熱は、同質量で比べたときに大気の4倍、同じ体積で比べるなら大気の3000倍以上もあります。

地球の熱の移送は、低緯度から中緯度までは海流によるものが大きな比率を占め、ちょうどそこに日本列島があります。そのため、少しの海流の変化（蛇行）によって気候が変化しやすいことに加え、周囲より水温が高いままの暖流では海上の蒸発量が多いため大雨を降らせます。特に気をつけたいのが夏～秋にかけて日本列島を襲う「台風」や、地球温暖化と共に増加する豪雨でしょう。地震や火山に加え、台風や大雨・豪雪などの気象災害が頻繁なのも日本列島が海に囲まれているからです。

さらに、気象関係で「エルニーニョ」や「ラニーニャ」といった言葉を聞いたことがあるでしょう。これは、東太平洋の赤道付近（ペルー沖）の海水温が、高くなったり、低くなったりする現象です。日本から1万5000kmも離れた場所の海水温が数℃変わる（海流が少し変わる）だけで、日本の気象も影響を受けます。地球の海を知らなければ、日本の気象変化を予測できないのです。

地球の中を
どうやって知るのか

見えない場所を詳しく調べるには、
できるだけ近くに行くこととさまざまな工夫が大切です。

宝探しより大切なこと

　海底探査の目的は資源を見つけるだけではありません。宝探しも学術的な調査もまったく実施されていない海底のほうが広大に残っています。海の中は、まだまだわからないことが多く、それらを知ることが有用な資源を見つけたり、大発見に

繋がっているのです。

　地道な基礎研究の積み重ねによって、海底のいろいろな謎が解き明かされて、やがて社会に役立つのです。地震や津波による被害を少しでも減らそうとする「防災・減災」も日々の深海研究の積み重ねが大事です。

■ 日本近郊のプレート構造：海洋プレートは海嶺で誕生し、海溝からマントルへ戻っていく

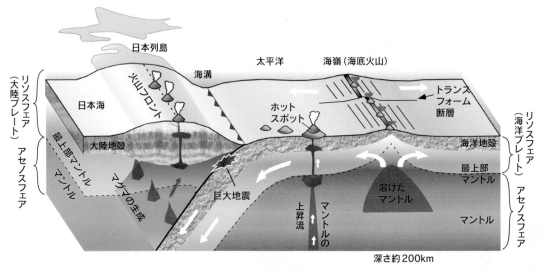

深海の底を目指す

　複数のプレートがひしめき合う日本周辺。世界的に見ても、地震や火山噴火の頻発する土地です。巨大地震や海底火山噴火の様子は陸上からはわかりません。また海洋の地殻は比較的薄いので、マントルの様子を探る際にも、深海の底まで行って地中を探ることは有効です。

　地球について人類が知っている（知った気になっている）のは、陸地の様子ばかりで、地球表面の約70％を占める海洋は未知の世界です。

海底火山と海底地形

陸地で起こることは、海の中でも起きています。その一例が「火山」です。日本の周りの海底には、たくさんの活火山があって、海中地形は思いのほか起伏が激しくなっています。

海底火山に加えて、注目したいのは海溝です。水深6000mよりも深い海の凹みです。ここはプレートがぶつかったり、沈み込んだりする場所です。日本近海には以下の海溝やトラフがあります。

- **千島海溝と日本海溝**：「太平洋プレート」と「北米プレート」の境界
- **伊豆小笠原海溝**：「フィリピン海プレート」と「太平洋プレート」の境界
- **相模トラフ**：「北米プレート」と「フィリピン海プレート」の境界

- **南海トラフと琉球海溝**：「ユーラシアプレート」と「フィリピン海プレート」の境界

「北米プレート」と「ユーラシアプレート」の境界の一部は陸上に現れていて、フォッサマグナ（ラテン語で大きな溝の意味）となっていますが、プレート境界の多くは海の中です。このプレート境界の動きや力のかかり具合を調べることこそが、地震や火山の発生要因を探る方法であり、少しでも地震・火山災害を減らすことに繋がります。

海底探検辞書

トラフ：細長い海盆のこと。海溝よりも浅く（水深6000m未満）、プレートの動きに関係しないものもあります（例：沖縄トラフ）。ただし日本近海の南海トラフ、駿河トラフ、相模トラフはプレート境界にあり、成因は海溝と同じです。

日本列島周辺の地形と陸上・海底活火山帯の分布（赤色）

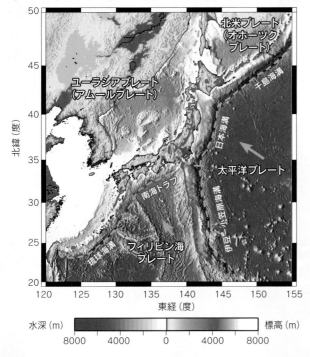

日本の近海にも多くの海底火山があります。また、それぞれの火山を海底から見上げると、その高さは1000〜4000mになります。海の中にあって見えないだけで、富士山よりも高い火山がたくさんあるのです。海底（海洋プレート）は矢印の向きに移動しています。

東北地方太平洋沖地震

地球深部探査船「ちきゅう」が明らかにしたこと

◎ 巨大地震を知るために

どこをどう調べれば、巨大地震や津波のメカニズムを明らかにできるでしょうか？ 地震がいつ起きるかを予知できないまでも、どこで・どれくらいの大きさの地震が起きるかをある程度予測できていれば、実際に地震が起きる際や起きそうな時に早めに警告を出せるかもしれません。

「東北地方太平洋沖地震」。2011年3月11日に三陸沖で発生したマグニチュード9.0（モーメントマグニチュード）の巨大地震は、激しい地面の揺れと大きな津波が甚大な被害をもたらしました。日本海溝付近、太平洋プレートが北アメリカプレートの下側に潜り込んでいる場所を震源とする海溝型の地震で、その規模は日本観測史上最大であること

はもちろん、過去100年間に世界中で起きた地震の中で第4位の大きさの超巨大地震でした。

◎ 断層の温度を測る

なぜ、これほど大きな地震が起きたのか？ 海溝型巨大地震を起こしたプレート境界断層の滑りメカニズムを解明するため、世界の研究者達は地震発生の直後に、断層の温度測定プロジェクトを立ち上げました。

温度を測るといっても相手はプレート境界。水深6897.5mの大深海の底、そこからさらに地中を800m以上も掘り進んだところがターゲットです（p.52）。大地震の時に断層がズレ動いたのなら、断層付近には「摩擦熱」がまだ残っているはずです。温度を測って断層を調べる世界初の試みがスタートしました。

各地の震度と震源の位置（震央：星）

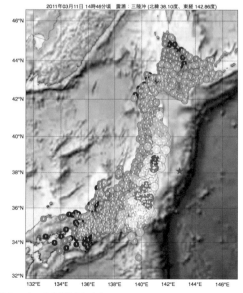

2011年03月11日 14時46分頃 震源：三陸沖 (北緯 38.10度、東経 142.86度)

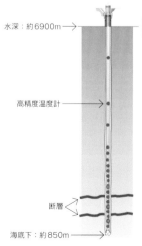

海底面

水深：約6900m →
高精度温度計 →
断層
海底下：約850m →

日本海溝付近の海底を掘削して、長期孔内温度計を穴の中に設置しました（海底下の断面図）。2012年7月5日より、地球深部探査船「ちきゅう」（p.78）により掘削を開始し、約10日後の7月16日。掘り終えた深い穴の中に、「ちきゅう」は自らの掘削装置を利用しつつ、長期記録型の温度計を設置。温度計の回収は翌2013年4月26日に行われました。

長期孔内温度計とは

沈み込む太平洋プレートと日本列島側の大陸プレートの境目、プレート境界断層温度を精密に測定したのは「長期孔内温度計」です。深海調査研究船「かいれい」から遠隔操作される無人探査機「かいこう7000-II」のマニュピレーターが水面から約6900mの海底で作業を行い、孔の中に数珠つなぎ状にぶら下がっていた温度計を船上へと回収しました。

地震が起きた後ですが、温度変化を測定すれば、断層の滑りやすさ／滑りにくさがわかるのです。測定結果は……研究者を驚かせました。

▢ 海底下650mより深いところの温度変化

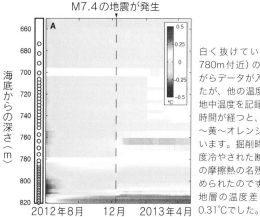

M7.4の地震が発生

2012年8月　　12月　　2013年4月

（縦軸）海底からの深さ（m）

白く抜けているところ（700m・780m付近）の温度計には残念ながらデータが入っていませんでしたが、他の温度計は約9カ月間の地中温度を記録していました。
時間が経つと、深さ820mでは青〜黄〜オレンジと温度が上昇しています。掘削時に海水によって一度冷やされた断層が、地震発生時の摩擦熱の名残によって、再び温められたのです。断層とその上の地層の温度差は小さく、わずか0.31℃でした。

断層はとても滑りやすかった！

断層付近は周りよりも温度が高く、地震から約2年経っても当時の摩擦熱が残っていました。しかし、温度上昇量が小さすぎます。東北地方太平洋沖地震では断層が50mもずれ動いたことがわかっていますから、摩擦熱のために高温になるはずです。

温度の測定値から、断層での摩擦発熱が小さかったことが判明しました。つまり、断層が非常に滑りやすかったということです。計算された摩擦係数は0.08。この結果は驚くことに、自動車がアイスバーン（凍った路面）に乗ってしまったときと同じぐらいの滑りやすさだったのです！

▢ かいこう7000-IIによる回収の様子と、船上の長期孔内温度計

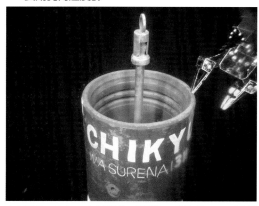

全長820mのケーブル上の55カ所に精密測定・記録できる温度計が取り付けられています。

Note

温度を測ると何がわかるのでしょうか？　地震は、断層が滑り動くことで起こります。断層の摩擦抵抗が小さければ摩擦熱はあまり発生しませんが、断層が動きにくいと摩擦熱が大きくなります。摩擦熱は地盤の中に蓄積され徐々に周囲に逃げますが、巨大地震では温度が下がるには数年以上かかります。

巨大地震の発生メカニズム

地震発生直後の断層サンプルを入手せよ！

◎ 東北地方太平洋沖地震の謎

東北地方沿岸のプレート境界の浅い部分（海溝軸のすぐ西側）は、断層の動きと摩擦抵抗がうまくバランスしていて、プレート境界の断層は安定して滑っている場所だと思われていました。断層面がいつもズルズルと滑り続けているので、ここでは巨大地震は起こりにくいとされてきたのです。しかし、東北地方太平洋沖地震では、海溝軸付近のプレート境界も、地震時に一気にずれ動きました。

この謎を解明するには、断層まで穴を開けて地層試料（コア）を得る必要があります。そのため、前ページの温度計設置に先行して掘削が行われています。地球深部探査船「ちきゅう」（p.78）を使った「第343次研究航海（東北地方太平洋沖地震調査掘削）」です。

◝ 調査の時系列

2012年 4月1日	掘削作業開始（C0019 地点、水深 6889.5m）
2012年 4月27日	掘削同時検層終了。掘削深度 850.5m ※総ドリルパイプ長 7740m は当時の世界記録（科学掘削）
2012年 5月21日	地層試料（海底下648m〜844.5m）採取 ※水中テレビカメラ不具合のため温度計設置は延期
2012年 7月16日	孔内温度計設置。測定開始
2013年 4月26日	孔内温度計回収（深海調査研究船「かいれい」による）

◝ 掘削地点の地殻構造断面図

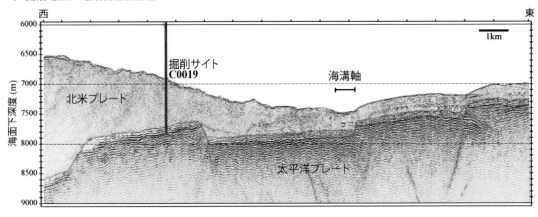

ついに断層のコアを採取！

　超巨大地震と大津波はなぜ発生したのか？　それを知るためには、プレート境界断層のコア（地質試料）をなんとしても手に入れなければなりませんでした。水深7000mの海底から、さらに地下へ1000m程度掘り進まねばなりません。世界初の挑戦でしたが、地震の発生から13カ月後、ついに断層そのものの地質サンプルを掘り出すことに成功しました。

　東北地方太平洋沖地震の断層では、海底下820m付近で地層（組成）や地層面の傾斜、物性などに大きな変化があり、プレート境界断層であることが確認されました。コアの見た目にも違いがはっきりとわかりますし、温度測定では小さいながらも摩擦発熱も記録されていました。

断層コア取り出しの瞬間（国際チームでの挑戦）

断層帯の中でもずれがはっきり見える部分

断層面の厚さは5メートル!?

　今回は、海溝軸から沈み込んだばかりのプレート境界を掘り抜きました。プレート境界の断層は粘土を、またその上下の地層は砂や泥を多く含んでいました。このような柔らかい断層や地層がなぜ、急に大きくずれ動いて、地震や津波を引き起こしたのでしょう？　謎を解くヒントは、海底下820m付近の厚さ5mの断層コアにありました。そこには水を通しにくい粘土鉱物（スメクタイト）が大量に含まれていました。

メカニズムはわかったか？

　東北地方太平洋沖地震では、震源より離れた海溝軸付近で、最大で約65mという巨大な滑りがプレート境界断層で起きました。一体、なぜ？海底掘削調査と実験室での再現実験により、断層沿いの粘土層で、次の現象が起きたことがわかりました。

・地震発生で断層が動き、摩擦熱が発生して粘土層内の水が膨張した。

・膨張した水は、水を通しにくいスメクタイト層に阻まれて逃げ場を失った。

・すると粘土層内の水圧が高くなり、断層部分が広がって滑りやすくなった。大きな断層滑りが海溝軸付近でも発生した。

・大陸プレートが跳ね上がるように大きく動き、巨大津波となった。

■ 東北地方太平洋沖地震のメカニズム

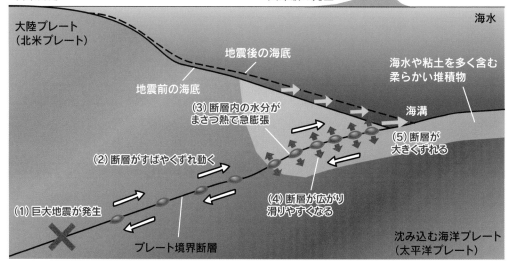

ゆっくり滑りに注意

　さらに地震後の調査で、東北地方太平洋沖地震の発生前に震源周辺で「ゆっくり滑り」現象が起こっていたことが判明しています。これが東北地方太平洋沖地震の引き金になったと考えられ、「ちきゅう」が採取した断層試料を使って実験も行われています。近い将来に発生が予測されている南海トラフ巨大地震（p.56）でも、ゆっくり滑りによって生じた地盤の歪みが、発生のキッカケになるかもしれません。

海底探索辞書

ゆっくり滑り：通常の地震よりも遅い速度で断層滑りが起こる現象です。「スロースリップ」とも呼ばれますが、数日から1年以上継続するものが、千葉県房総沖や南海トラフなどで確認されています。この仲間として、ゆっくりした地震のゆれを発生する「超低周波地震」や「低周波微動」も知られており、これらを全部まとめて「スロー地震」と呼ぶこともあります。この時の揺れは人間には感じられません。

笠谷貴史 さん

海洋研究開発機構 海底資源センター

「深海調査は苦労と喜びの連続です」

2011年の東北地方大震災の要因となった巨大地震の発生海域を何度も調査している、海洋研究開発機構海底資源センターの笠谷貴史博士に、深海調査の苦労話をうかがいました。

「潜水調査船"しんかい6500"に乗り、地震発生から約4カ月後に、震源近くの海に潜りました。"海底はすごいことになっているのでは"と思っていましたが、実際は……海底は何事もなかったかのように静かでした」

この調査で、笠谷博士は巨大地震に伴うと思われる海底の割れ目を発見していますが、海底表面の地震の痕跡は意外にも限られていました。今度は、地球深部探査船「ちきゅう」を用いて海底掘削が行われ、掘削した孔の中を詳しく調べることになりました（詳しくはp.51）。孔の中（海底下800m付近）に自動記録式の温度計を設置。その約9カ月後に、笠谷博士らは孔の中から温度計の回収を試みますが……。

「まず温度計を設置した孔がなかなか見つかりません。孔の直径はわずか数十cm、これを光が届かない約

回収された温度計とともに。成功の喜びは、
苦労を吹き飛ばす！（左端が笠谷博士）

7000mの海の底で探すのです。実は数カ月前にも他のチームが探しましたが、見つかりませんでした。今回はこれまでの探索結果を参考に、超音波ソナーの"たぶんコレかなー"という弱い反応を頼りに、無人探査機（水中ロボット）を潜らせてみたら……あたりでした」

孔は見つかりましたが、温度計回収は誰もやったことのない難作業です。この時の状況は複雑でした。洋上には調査船、海底付近には調査船と無人探査機の"中継機（ランチャー）"、水深約7000mの海底には無人探査機がいて、海底下約800mの孔の中ではロープの先に温度計がぶら下がっていました。これらは互いにケーブルやロープで繋がっていて、総延長は約8000m。一度に全てを船の上に引き上げなければなりません。しかも作業の安全性のため、孔の中のロープには切れ目が入っていました。ロープが少しでも曲がった状態だと、回収の途中でロープが切れて、温度計は孔の底へ。回収失敗です。もう時間は残されておらず、チャンスは1回限り。しかしその時、奇跡的に無人探査機と中継機が孔の真上に位置していたため、運良くロープを真っ直ぐに引き上げることができたそうです。

「大緊張でした。ゆっくり、ゆっくりとあげろと……手に汗握るオペレーション、ミラクルのミッションでした。最後は人力で、長さ800mのロープと温度計を船の上に引き上げました。もう日も落ちて暗くなっていましたが、思い出深いです」

温度計には"回収ありがとう！"という文字が書かれていました。9カ月前に、温度計の設置チームが書いたメッセージが、地中のデータとともに無事に研究者に届けられた瞬間でした。

迫る巨大地震の解明「南海トラフ」

巨大地震の原因・プロセス・起きる可能性を探る

◉ 断層の滑りやすさが地震を決める

日本は、地球を覆うプレートが重なる場所。海側のプレートが沈み込み続ける海溝では、陸側のプレートの端が一緒に引きずり込まれますが、ときおりプレート境界がすべって跳ね上がります。海溝型の地震の発生です。

地震の規模は、プレート境界の断層の滑りやすさによって左右されます。滑りやすいと小規模に何度も動くので中規模地震が頻繁に起きます。海側と陸側のプレートが互いにくっついていると、プレート境界の断層がある日突然、急に滑り動いて巨大地震となります。また、断層が滑る速度が遅いとゆっくり滑りとなります。しかし、それぞれのプレート境界の特性が詳しくわからないので、予測できないのが現状です。

◉ 南海トラフを監視

プレートが動き続けている以上、海溝型の地震が周期的に起こります。次にどこで、どれぐらいの規模の地震がいつ起こるかは詳しくはわかりませんが、巨大地震発生の可能性が高いところ（海溝の場所）は、古文書や近年の地震記録からおおよその見当がついています。それが「南海トラフ」です。ここを詳しく調べる計画が「国際深海科学掘削計画（IODP）」の一環として実施されています。

🗨 海溝よりも浅い、海底の凹み「トラフ」

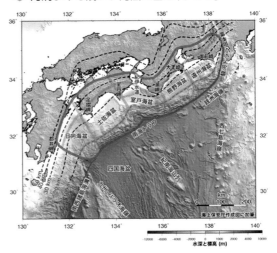

（出典：「南海トラフの評価対象領域とその区分け」地震調査研究推進本部、https://www.jishin.go.jp/resource/column/kohyo07_kohyo_07/、2023年4月20日に利用）

フィリピン海プレート（日本の南方）が、ユーラシアプレート（西南日本）の下に潜り込んでいるところが、駿河トラフ・南海トラフ・南西諸島海溝です（点線は沈み込むプレートの上面の深さ）。南海トラフのプレート境界断層は5つに分かれていて、断層1箇所ずつ、あるいは全箇所同時の海溝型の地震が100年〜200年ごとに発生しています。

海底探索辞書

国際深海科学掘削計画
（IODP：International Ocean Discovery Program）：2013年10月から開始された多国間科学研究協力プロジェクトです。目的は、海洋に関する「気候・海洋変動」、「生命圏フロンティア」、「地球活動の関連性」、「変動する地球」の4テーマの学術研究を多国協力のもとで成し遂げることです。その母体は、1966年のアメリカの深海掘削計画であり、1983年の国際深海掘削計画へと発展し、2003年からは日米主導の統合国際深海掘削計画（IODP：Integrated Ocean Drilling Program）を経て、現在の計画へと移行しました。

Column

地震は予知できるの？

■ 確率論的地震動予測地図：確率の分布
今後30年間に震度5強の揺れに見舞われる確率（平均ケース・全地震）

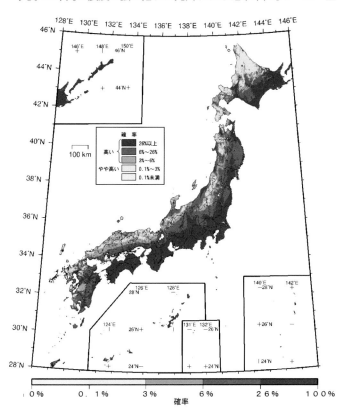

（出典：「全国地震動予測地図2020年版 地図編 全国版地震動予測地図」地震調査研究推進本部、https://www.jishin.go.jp/main/chousa/20_yosokuchizu/yosokuchizu2020_chizu_10.pdf、2023年4月20日に利用）

❖ 地震の発生確率

　上図は日本の各地で、主に海溝型地震によって今後30年以内に震度5強（以上）の揺れに見舞われる確率を示したものです。

　関東〜東海地方、紀伊半島、四国は濃い色になっていますが、これは南海トラフ巨大地震の発生確率が高いからです。他の色の地域でも、震度5強以上の地震が起きる確率は低くなくて…

・0.1％は、台風でケガをする確率よりずっと高く、
・3％は、火事にあう確率より高く、
・5％は、空き巣にあう確率より高く、
・26％は、交通事故でケガをする確率より高い

これらは30年間で起きる割合ですが、"その日"は明日かもしれないし数年後かもしれません。

　以上は過去の地震の記録や陸上での活断層調査に基づく推定値ですが、まだ知られていない陸上の断層で突然大きな地震が発生することもあります。

❖ 残念ながら……地震予知はできません

　30年という長期間でみれば、大地震が起こりやすい場所や条件は概ねわかってきています。しかし、何月何日に・どこで・どのくらいの大きさの地震が起きるかは、現在の科学ではわかりません。そのような話は100％、デマだと思ってください。

地球を調べることと健康診断は似ている

地殻のスナップショットを撮る方法

◉ 穴を掘らなくても地下を調べることができる

　健康診断では、体の中を調べるために「胃カメラ」が使われます。直接的に体の中をカメラで観察することができて、さらに精密検査のために内臓のほんの一部を採取することも可能です。ただ、胃や腸をカメラで見ることはできても、体のあらゆる場所をカメラで見ることはできません（体が穴だらけになっちゃう！）。その代わりに、X線という特殊な電波を利用して、体中を透視します。いわゆる「レントゲン」ですね。あるいは妊婦さんのお腹の中で赤ちゃんがどのように育っているかを見る時には、「超音波検査」を行います。超音波検査は、X線よりも人体に安全で、X線のように体の中を透視できます。最新機器では、赤ちゃんの顔の表情（笑ってる！とか寝てる！とか）も超音波検査でわかります。

　地球を調べる技術は、医療技術とよく似ています。地球の直径は約13000km。そのうち人類が地下を掘り進むことができたのは、わずかに12km。穴を掘るのは時間とお金がかかるうえに、技術的にも大変なのです。地球深部探査船「ちきゅう」も、南海トラフ巨大地震の調査のために海底掘削を実施していました。海底下約3kmまで掘り進むことができましたが、海底の活断層周辺は地層がもろく、穴を掘っても壁が崩れてしまうため、それ以上の掘削は難航しています。掘削は地球を調べる直接的な方法です。穴を掘れば、地下の岩石や水・ガスを採取できるので、多くの情報を得ることができます。一方で、穴の数や深さは限られてしまうので、地下の広い範囲を調べることはできません。そこで、超音波検査やレントゲンのように、地球に穴を開けることなしに、地下を調べる技術が開発されています。

🔵 南海トラフ（三重県沖）の海底下の様子

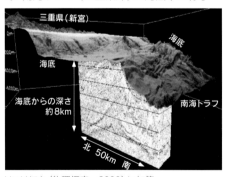

Urakiほか（物理探査、2009）に加筆

左の図は3次元表示、下の図は南北断面図です。海底下には多数の逆断層が見られており、プレート境界断層から海底面まで続く高角度の逆断層を「分岐断層」、プレート境界断層から南海トラフまで続く低角度の逆断層を「デコルマ」と呼んでいます。逆断層運動によって複数の地層を複雑に変形させながら、海洋プレート（フィリピン海プレート）が日本列島の下へと潜り込んでいっている様子がよくわかります。随所に見られる黒い縦線は、海底を掘削した場所と深さを示しています。

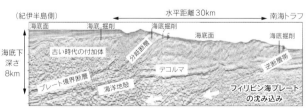

（Proceedings of IODP Leg. 314-316に加筆）

◤ 海底電位差磁力計

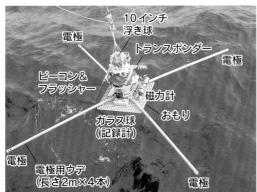

10インチ
浮き球
電極
トランスポンダー
電極
ビーコン＆
フラッシャー
磁力計
ガラス球
（記録計）
おもり
電極
電極用ウデ
（長さ2m×4本）
電極

上の図は調査船で海に投入するときの様子、下の図は海底での様子です（太平洋沖水深約5000m：周りに写っている生物は「センジュナマコ」）。この装置を用いれば、レントゲン撮影の如く、海底で電波（電離層などで発生した自然の電磁場変動）をキャッチして、海底下を透視することができます。

◤ 海底電位差磁力計の整備時の様子

直径40cm程度のガラス球の内側に収められた記録計や電池は、浸水することなく海底で動作できます。上半球と下半球に分かれていますが、ガラス球を閉じる時には接着剤やネジは使わずに、上下にただ合わせるだけです（ズレ防止のため、継ぎ目にはテープを張ります）。この状態で水深6000mの圧力に耐えるのです。

◤ 海底電位差磁力計で見た南海トラフ

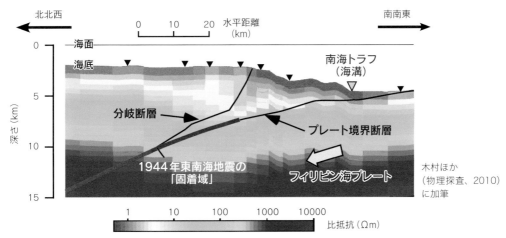

北北西　　　　　0　10　20　水平距離（km）　　　南南東

海面
海底
南海トラフ
（海溝）
分岐断層
プレート境界断層
1944年東南海地震の
「固着域」
フィリピン海プレート

木村ほか
（物理探査、2010）
に加筆

深さ（km）

比抵抗（Ωm）
1　10　100　1000　10000

海底電位差磁力計を用いて、南海トラフ（三重県沖）の電気の流れにくさを可視化しました。比抵抗が大きいほど、電気は流れにくいです（地層が水を含んでいない）。海底面の▼が海底電位差磁力計を設置した場所です。1944年の東南海地震のときに強い揺れを発生した場所（プレート境界断層が上盤側と下盤側でくっついていた場所：固着域）は、フィリピン海プレートが水分を失っていく場所（緑→青）に相当していることがわかりました。一方、南海トラフの軸部付近では断層周辺の水分が多いため（赤）、大津波の発生が懸念されます（p.54）。

海底にも地震計を！

巨大地震・津波の実態を明らかにするために

地震計を南海トラフの海底に

南海トラフではおよそ100年から150年の周期で巨人地震が発生しています。最後に巨大地震があった1944年～1946年の「昭和地震」から70年以上が経過した現在、30年以内の地震発生確率が高まっています。

巨大地震が起こる前の今だからこそ、南海トラフで何が起きているのかを正しく知るのが大切です。地震の前に特徴的な地殻の動きがあるのかどうか? 予兆を観測できれば、次回の巨大地震やさらにその次の地震の前に避難などの適切な防災対策が行えます。

海溝型地震の予測を行うためには、海洋プレートの進行に沿って、大陸プレートが押される様子を、地殻の変動や小さな地震活動から把握することが必要です。そのためには、将来の巨大地震の震源近くに高精度の地震・津波計を設置するのが一番。日本近海では海底地震観測網が設置されつつありますが、南海トラフの海底に敷設されたのが「地震・津波観測監視システム (DONET：Dense Oceanfloor Network system for Earthquakes and Tsunamis)」です。

海底地震計のメリット

海溝型地震の震源の真上にリアルタイム監視できる地震計を置けば、地震の発生をいち早く感知できます。地震のP波は1秒間で5km～7km進むので、海岸から100km沖合が震源の場合、海底地震計のおかげで、従来よりも15～20秒早く地震発生を検知できます。

地震計で揺れを検出し、まだ揺れていない地域へ地震発生をいち早く知らせる仕組みとして「緊急地震速報」がありますが、海底地震計があれば従来よりも10秒以上早く、警報を出すことができます。その間に電車やエレベータ、工場の装置などを自動停止することができますし、落下物から頭を守ることもできます。

■ 海底に設置された観測装置 (5m程度の範囲内に機器を複数展開)

気象庁による一元管理

「DONET1」は2011年から稼動、「DONET2」は2015年度に完成し、現在は、「防災科学技術研究所（NIED）」の高感度地震観測網（Hi-net）や気象庁の観測網に組み込まれて運用・データ公開が行われています。

DONETが捉えた詳細な地震波形などの情報は、防災科学技術研究所のホームページで公開中です。

*Hi-net

http://www.hinet.bosai.go.jp/

*DONET

https://www.seafloor.bosai.go.jp/

🫧 DONET1

DONETの第1弾計画は、2006年より地震計などの研究開発が始まり、2010年に着工。2011年8月には20点の観測点が基幹ケーブルに繋がれ完成しました。紀伊半島の125km沖の熊野灘、東南海地震の震源域となる水深1900mから水深4300mの範囲に、総延長約250kmのループ状基幹ケーブルが敷設されました。ケーブルの途中5カ所に分岐装置があり、それぞれ4つの端末（観測点）が置かれました。各観測点には、強震計、広帯域地震計、水晶水圧計、微差圧計、ハイドロフォン（水中マイク）、精密温度計が設置されていて、地殻変動のようなゆっくりした動きから地震動のような大きな動きまであらゆるタイプの海底の動きを"リアルタイム"で知ることができます。

🫧 DONET2

DONET1（第1弾計画）の着工と同時期に計画されたのが、南海地震の震源域海底にも地震計などを設置するDONET2（第2弾計画）です。今度は高知県室戸市と徳島県海陽町を結ぶ海底のより広い範囲が予定され、DONET1の基幹ケーブル総延長250km（ケーブル総延長320km）に対し、基幹ケーブル総延長は100km長い350km（ケーブル総延長500km）もあります。

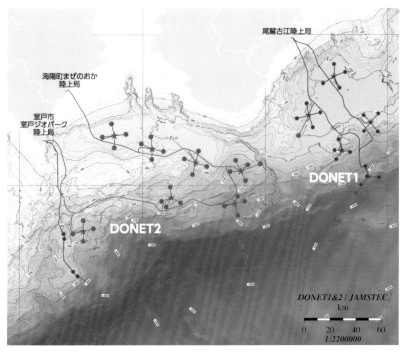

◎ 海底ならではの設置の苦労

地上の地震計（特に高精度のもの）は、地表を走る車や工場の振動などの影響を避けるため、硬い地盤に縦孔を掘り、その底にセンサーを設置します。一方、DONETの海底地震計の設置場所は、泥が積もった海底面です。海底付近の海水の流れや、生物によるノイズを減らし、地面の揺れをしっかり記録するために、DONETの地震計は海底下約1mの地点に埋設されています。水中ロボット（ROV）を用いた埋設作業の技術も新たに開発されました。

🔵 海底に地震計を設置するために

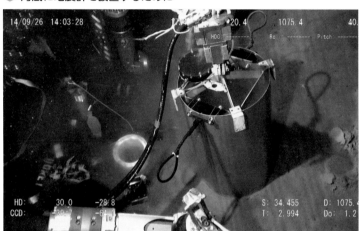

海底にはやわらかい泥が積もっていて地震の揺れが正確に伝わってきません。そのため、ケーシングパイプを突き刺し、その中の泥を吸い出した上で、各種センサーの入った耐圧容器を設置しています。

🔵 設置作業で活躍する無人探査機

もちろん深海を含む海底での設置作業も大変です。海底地震計の設置作業は無人探査機（ROV）の「ハイパードルフィン」を使っての遠隔操作で実施されました。

海底探索辞書

3000m級無人探査機「ハイパードルフィン」：1999年にカナダで製作されたケーブル接続式の無人探査機。ハイビジョンカメラを備え、2基のマニュピレーターで繊細な操作が可能です。DONETの設置作業のため、4500mまで潜航できるように国内で改造されました。

💬 海底を掘って設置されたDONETの地震計

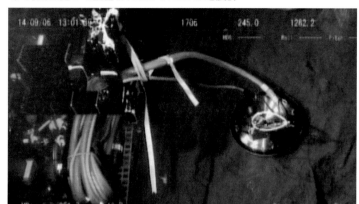

🎯 津波も早期検知できる

DONETには地震計のほか、精密な水圧変動を捕らえる能力もあります。地震後に津波が起こるかどうかは海面にうかぶブイの変動でも検出できますが、地震発生（断層破壊）の後、津波の規模推定にはしばらく時間がかかります。

コンピュータシミュレーションの結果、海底にあるDONETの水圧変動が潮位変動（津波）を検出した場合、海底下の断層の動きがわかり、沿岸への津波の到達時間と高さをより正確に予測できることがわかりました。

💬 津波の数値シミュレーションの例（マグニチュード8クラスの地震の場合）

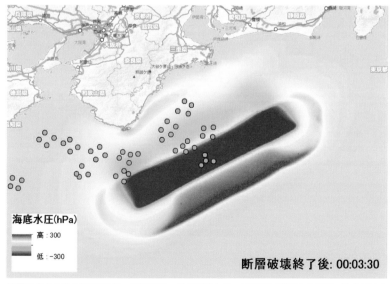

海底水圧(hPa)
高：300
低：-300

断層破壊終了後: 00:03:30

地震発生から3分30秒後に、津波の第一波が和歌山県・三重県に到達する様子。沖合ではより大きな津波が発生していて（赤は高さ3m、青は−3m程度）、この津波は沿岸に近づくと高さ10mほどになると思われます。DONET観測点（緑色）は大津波をすばやく予測します。
（画像提供：徳島大学 馬場 俊孝 教授）

◉ 南海トラフでの長期孔内観測

南海トラフのプレート境界の動きを知るために、海底の地下深くでの観測も行われています。IODP (p.56) の一環として行われた「長期孔内観測」です。

地球深部探査船「ちきゅう」で海底下1000m

程度まで掘削し、その孔内に地上の地震観測装置と同程度の高精度の地震計や傾斜計、ひずみ計を設置し、孔内の様子を詳しく観察するのです。DONETの地震計（海底下1mに設置）と互いに連携しつつ、巨大地震発生のメカニズムに迫っています。

▨ 孔口部に置かれる装置（「ちきゅう」船上）と、観測装置の全体図

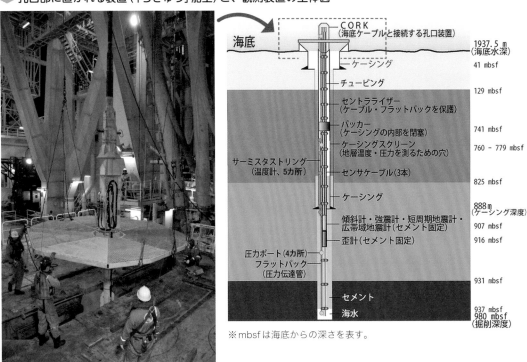

掘削海底は水深1937.5m、そこからさらに海底下を1000m近く掘り、その孔の中にセンサーを設置しました（掘削孔C0002の場合）。設置センサーは、温度計×5カ所、傾斜計、強震計、短周期地震計、広域地震計、ひずみ計（圧力計）です。

◉ 海底変動がリアルタイムでわかる

南海トラフの「長期孔内観測」は、DONETに接続されていて、海底下の様子はリアルタイムに得られています。ここが、p.50で紹介した東北地

方太平洋沖地震の「長期孔内温度計」と違う点です。

2010年当初は「長期孔内観測」の装置はDONETに接続されていませんでしたが、その後2013年1月にDONETに接続されました。

許正憲 さん

海洋研究開発機構 深海資源生産技術開発プロジェクトチーム

「技術の力で深海の謎を切り開け」

　前人未到の深海や海底下の世界を調べるには、高い技術力と創意工夫が不可欠です。海洋研究開発機構深海資源生産技術開発プロジェクトチームの許正憲博士にお話をうかがいました。

「僕はこの研究所に入って、30年余り。当時は"しんかい6500"の建造が始まる頃でした。その後、潜水艇や無人探査機（ROV）で"モノを見る・測る・採る"の3つの技術を開発してきました。潜水船は、水の中を泳ぐだけでは意味がないですから」

　許博士は現在、地球深部探査船「ちきゅう」の技術開発に携わっています。

「ちきゅうは海底を掘って、土や岩の試料（コア）を採ることが重要な科学ミッションですが、掘ったあとの孔は"残骸"ではありません。そこにセンサーを入れれば、洋上や海底表面ではわからない情報を手に入れることができるんです」

　これまでに、東北地方太平洋沖地震で動いた海底活断層に精密温度計を設置し（p.50）、また南海トラフ巨大地震発生域で「ちきゅう」が掘削した孔の中に地震観測システム（p.64）を設置するための技術開発を行われたそうです。

「南海トラフの掘削調査は記憶に残っています。掘削パイプに沿わせて観測システムを海底下に設置するテストを"ちきゅう"で行いましたが、海流があたると

海底掘削について語る許博士

船から海底へと降ろしたパイプが激しく揺れだしました。そのために、パイプに取り付けた観測用センサーが粉々に壊れてしまいました。黒潮の影響です。簡単ではないだろうと最初から考えていましたが、こんなことになるとは思いもしなかった」

　原因を探るべく、船や水槽を用いた様々な試験が実施されました。

「ある時、ナイロンケーブルをパイプに這わせたら振動がぴたりと止まった。パイプの断面がきれいな円だと海流によってパイプ後面にきれいな渦列が生じ、これが振動の原因となりますが、それがいびつだと渦ができない。観測システム設置の方法論が確立しました」

　南海トラフの海底下の地震観測システムは無事に設置され、地震・地殻変動のデータを送ってきました。そして、やがて大発見へと繋がります（p.67）。

「次の、将来の大課題はマントル掘削ですね。海面から7km下までライザー掘削（p.79）を行うなら、パイプの素材を鉄骨から別のもの（例えば炭素繊維強化プラスチック）に変えなければなりません。また温度環境も問題です。150℃で長期間使える電子回路はあまりない。だいたいが85℃ぐらいまでの回路ばかりなんです」

　とはいえ、不可能を可能にする、それが技術者なのです。

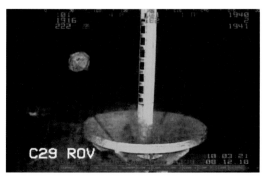

南海トラフの沖合での掘削孔（海底面でのカメラ撮影）。
三角形のコーンの下に、数千mに及ぶ深さの穴が繋がっている。

何度も起こるスロースリップ

DONET + 長期孔内観測でわかったこと

 ### ゆっくり滑りの正体

南海トラフで発生する東南海地震の震源域では、海底地震計ネットワーク（DONET1：20カ所）が2011年から、海底下の掘削孔に精密な地震計を設置した長期孔内観測システムが2010年から稼動しています。このことで、"今まで見え ていなかった"地震活動が明らかになりました。

2011年〜2016年のデータを詳しく解析したところ、8〜15カ月の間隔で、ゆっくり滑り（スロースリップ）（p.54）が周期的に何度も起きていました。これに伴って東南海地震を引き起こす南海トラフの浅い部分では、ひずみの30〜55％が解放されたというのです。

南海トラフでの巨大地震発生メカニズム

  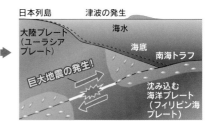

沈み込んだ海洋プレートの一部（特に水を多く含む地域）では「ゆっくり滑り」が発生しています。その後に、巨大地震の発生に至ると考えられています。

地震計ではわからない

「ゆっくり滑り」は普通の地震計ではほとんど感知できません。長期孔内観測システム（p.64）のC0002孔における、超高感度の間隙水圧計が海底下のゆっくり滑りの詳しい様子を世界で初めて解き明かしました。

長期孔内観測システムは、日本の研究者の改良によって、いずれも超高感度になっています。特にひずみ計は、山手線（路線距離34.5km）の範囲が、0.01mm変形してもそれを検出できるほどの感度です。

長期孔内観測装置の位置

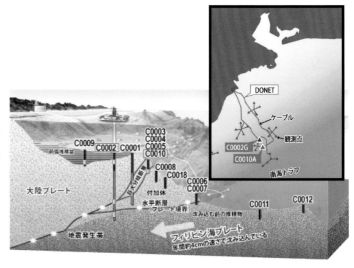

地層の水圧データに注目！

東南海地震の震源域に設置されたDONET1と長期孔内観測システムの6年間のデータを調べたところ、1回のゆっくり滑りは、数日から数週間の長い時間をかけて起きていました（通常の地震は開始から終了まで数分間以下です）。それぞれの滑り量（断層の動き）は非常に小さくて、わずか1〜4cmでした。

ゆっくり滑り発生時の、間隙水圧計（地層中の水の圧力を測る装置）のデータを詳しく見てみましょう。2つの掘削孔内の圧力の変化と小さな地震（低周波微動：マグニチュード1〜2ほど）が連動しています。このことから、プレート境界で何が起きたのかを解明できました。

2015年10月のゆっくり滑り

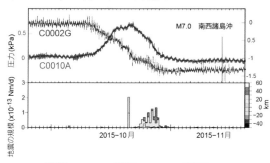

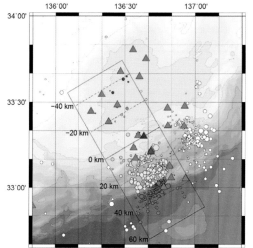

間隙水圧計の値をみると、陸側C0002孔（青）の水圧が徐々に下がり、その後、海側のC0010孔（赤）の水圧が一時的に高くなりますが、低周波微動の発生（棒グラフや地図中の緑・黄・オレンジ）とともに水圧が下がりました。最初にC0002孔付近でゆっくり滑りが起こって伸張しますが、C0010孔付近が圧迫され、低周波微動とともに震源が沖合いに移動し、伸張に転じたことをあらわします。地図中の灰色三角はDONET観測点、赤三角はC0010孔、青三角はC0002孔の場所。

ここまで詳しく
観測でわかってしまうんだね

ゆっくり滑りの様子と長期孔内観測システムの位置（断面図）

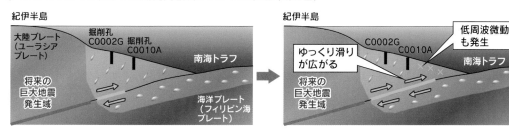

このゆっくり滑りでは、最終的に広い範囲の断層が動きました。この間に大きな地震は起きていません。

⊙ ゆっくり滑りと巨大地震の関係

　海底などで調査の結果、東南海地震の震源域では8〜15カ月間隔でゆっくり滑りが発生し、プレート境界面のひずみが30〜55％解放されました。しかし、ある場所のひずみが解放されても別の場所にひずみが蓄積されるため、ゆっくり滑りが巨大地震の引き金になるのではないか？ともいわれています。南海トラフ以外の地域でも、ゆっくり滑りの調査には注目が集まっています。

⊙ 房総半島沖でのスロー地震

　一方で、千葉県房総半島の沖合では、北アメリカプレートの下に、フィリピン海プレートがもぐり込んでいます（相模トラフ）。陸上の高感度地震観測網「Hi-net」はこれまでに、複数のゆっくり滑り（スロー地震）を検出しています。スロー地震に伴い一週間で10cmほどプレート境界の断層が動く様子が詳しくわかってきました。

🌊 **房総半島（千葉）沖での、1982年から2018年までのスロー地震（矢印の時に発生）**

今回の房総沖
スロー地震

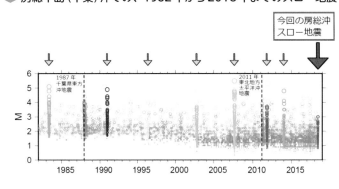

ここでのスロー地震には、普通の地震（群発地震活動）が伴うのが特徴で、ときにはマグニチュード（M）が5クラス（震度3〜4）の有感地震も発生します（6月11日時点）。

（出典：左、下ともに「房総半島沖で「スロー地震」を検出」、防災科学技術研究所、https://www.hinet.bosai.go.jp/topics/press/2018/pdf/20180611_01.pdfより転載）

⊙ 有感地震の発生（房総沖）

　2018年6月3日頃に起きたスロー地震と小規模な群発地震の活動を詳しく見てみましょう。スロー地震の開始から8日後の6月11日に、国の地震調査委員会は「周辺の地震活動が活発になる」だろうと発表しました。これは、今までの事例に基づく発表でした。その翌日（2018年6月12日5時9分）、まさに千葉県東方沖でマグニチュード4.9（地上で最大震度3）の地震が発生しました。

　国の発表はある程度は正しかったのです。ただし、発表の翌日に発生した有感地震は、群発地震の震源域からやや離れたところでおきました。プレート境界断層とスロー地震・巨大地震には確かに関係があるのですが、決まった法則などはまだ解明の途上です。

🌊 **房総半島にある2つの傾斜計（CBAH、KT2H）の傾斜変化**

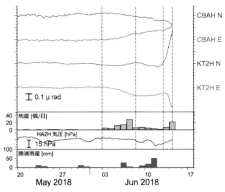

Nは北向き傾斜、Eは東向き傾斜。スロー地震の発生開始（6月3日）から傾斜変化が始まり、6月12日の地震を機にさらに大きく変動しています。

地震防災への備え

DONET・S-netの情報が鉄道の地震防災対策に活用

◉ 東北地方太平洋沖にも海底地震計を

　日本の巨大地震は、その多くがプレート境界で起こる海溝型です。地震発生をいち早く知るために、震源地域のより近くに設置された海底地震計が活かされます。大きな揺れが陸に達するまでに十数秒の猶予があれば被害を抑えられます。特に、高速鉄道や自動制御の工場などで有用でしょう。

　南海トラフの震源域には「地震・津波観測監視システム（DONET）」がありますが、日本海溝や千島海溝沿いにも海底地震計・水圧計（津波計）の大規模ネットワークが置かれることとなりました。

◉ その名はS-net

　「日本海溝海底地震津波観測網（S-net：Seafloor observation network for earthquakes and tsunamis along the Japan Trench）」。2011年に計画立案され、2013年から敷設、2016年7月に海底地震計125点が稼動し、2017年11月に海底地震計25点が追加されて計150点での観測網が運用されています。その規模は、北海道の根室半島沖（千島海溝）から千葉県房総半島沖に達するもので、光海底ケーブルの総延長は、なんと5500km。世界に例のない地震大国日本ならではの、リアルタイム・24時間体制の地震津波観測体制です。

■ 千島海溝の一部と日本海溝の全域をカバーする海底地震津波観測網 S-netの全貌

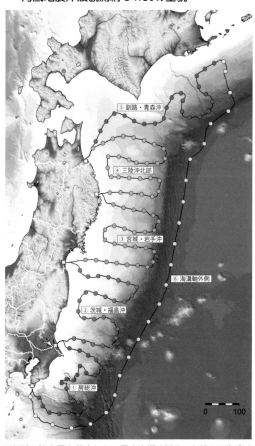

5カ所の陸上局を基点にして最大水深6000mを超える海底まで150の観測点があります。

（出典：「NIED｜海底地震津波観測網｜日本海溝海底地震津波観測網：S-net」、防災科学技術研究所、https://www.seafloor.bosai.go.jp/S-net/より転載）

S-netの仕組み

巨大な海底地震・水圧計システムを、計画から5年で運用開始にもっていくのは簡単ではありません。S-netの敷設事業は防災科学技術研究所が担当しましたが、DONETとは規模が違うため、かなりの効率化が図られています。

各観測点の仕様は共通化され、円筒形の高耐圧センサーユニットは基幹ケーブルの途中に数珠繋ぎに設置されるインライン方式となりました。DONETとは異なり、海底センサーには拡張性はなく、センサーの故障時の交換や最新型への換装も大変になりますが、これなら船上からケーブルを海底に下ろすだけで設置完了です。

S-netセンサーの外観

(出典:「日本海溝海底地震津波観測網(S-net)の運用と現状」、防災科学技術研究所、https://www.jishin.go.jp/main/seisaku/hokoku16g/k77-2.pdf(地震調査研究推進本部)より転載)

S-netセンサーの仕組み

外寸: 直径34 cm x 長さ226 cm　　重量: 約650 kg

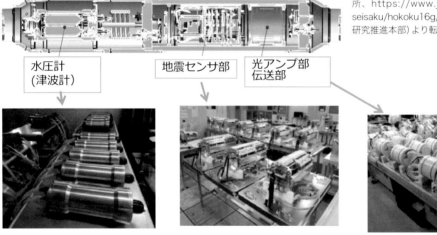

水圧計(津波計)　　地震センサ部　　光アンプ部 伝送部

ベリリウム銅合金製の円筒形耐圧容器(耐水圧8000m)の中には水圧計(津波計)、地震計が格納されています。センサーが捉えた振動、水圧変動は光ファイバーを介して陸上へ伝送され、リアルタイムで解析されます。

高速鉄道の防災に活用

三陸沖は漁場としても有名です。海底ケーブルなどが漁業を邪魔せず、また海底地震計が魚網などの影響を避けるため水深1500mより浅い部分では海底下に埋設されることとなりました。さらに、海底ケーブル切断のリスクを回避するため、伝送システムなどにはさまざまな安全策がとられています。

このS-netとDONETの情報が、2017年11月1日より、JR東日本の新幹線運用に活かされるようになりました。鉄道各社は独自の地震計や陸上の地震観測網の情報で、鉄道網への送電停止や緊急ブレーキ動作を行ってきましたが、海底地震計がいち早く異常を察知することで、より安全な緊急停止が可能になります。

日本の地震災害を"網羅"するMOWLAS

　地震・津波・火山の多い日本で、こういった地質的な自然災害の対策には、陸上や海底の多数のセンサーを連携させて、早期に発生を検出し、詳細を把握するのが大切です。防災科学技術研究所では「陸海統合地震津波火山観測網」をMOWLAS（モウラス）と名づけ、2017年11月より統合運用を始めました。MOWLAS (Monitoring of Waves on Land and Seafloor) の名称は公募によって決められました。MOWLASでは、それぞれの観測網で陸域約1900カ所、海底に約200カ所、火山16カ所で地震や津波、火山活動を観測します。

　日本の場合、これらの観測網が捉えた情報は、気象庁が一元的に処理・解析を行い、発表することになっています。一元化によって各地の小さな地震も早期に捉えられるようになりました。

MOWLAS観測網一覧

観測網	略称	観測点数・特徴
高感度地震観測網	Hi-net	全国約800カ所、地下100〜3500m
全国強震観測網	K-NET	全国約1050カ所
基盤強震観測網	KiK-net	全国約700カ所、Hi-netと施設を共有
広帯域地震観測網	F-net	全国約70カ所、横坑の奥に設置
基盤的火山観測網	V-net	16火山55カ所
日本海溝海底地震津波観測網	S-net	150カ所、東日本太平洋沖
地震・津波観測監視システム	DONET	51カ所、南海トラフを観測

（出典：「陸海統合地震津波火山観測網をMOWLAS（モウラス）と命名し、本格的な統合運用と周知啓発活動を開始」、防災科学技術研究所、https://www.bosai.go.jp/info/press/2017/pdf/20171031_01_press.pdf より転載）

MOWLASの各観測網と、観測点

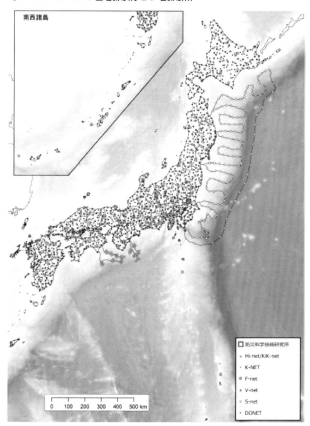

日本全域を"網羅"的にカバーしています。現在、南海トラフ地震の想定震源域のうち、観測網が設置されていない海域（高知県沖〜日向灘）に、ケーブル式の南海トラフ海底地震津波観測網「N-net」を構築中です。

日本全域が観測されてるのは安心感があるね！

海底活動は火山にも関係する

沈み込むプレートのその先はどうなっている？

◉ 火山ができる場所

　地球を覆う何枚ものプレート、それがぶつかり、片方が沈み込むところでは海溝型（プレート境界）の地震が起こります。では、沈み込むプレートの先では何が起こるのでしょうか。プレートはどうなってしまうのでしょうか？

　その答えの1つが「火山」です。大陸プレートの100km～150kmのはるか下に沈み込んだ海洋プレートからは、大量の水が日本の下のマントルに供給されます。その場所ではマントルが溶けて密度の小さなマグマが生まれます。マグマはマントル内を上昇し、地殻を突き破って噴き出して、火山になります。

🌀 東北日本の地下構造

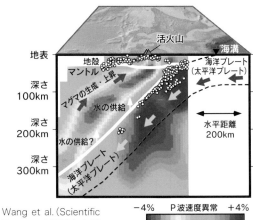

Wang et al. (Scientific Reports, 2017) に加筆

−4%　P波速度異常　+4%
遅い　　　　　　速い

地震波の伝わる速度が、同じ深さの平均値より速いか遅いかを「P波速度異常」として表示しています。海洋プレートの沈み込みや、マグマの上昇の様子がよくわかります。白丸は地震の震源分布です。

◉ 海洋の火山（海山）は移動する

　一方、海洋プレートの真ん中にもマントルが上昇して火山（海底火山）になる場所があります。プレートが生まれる海嶺や、「ホットスポット」です（p.48）。ホットスポットでは、マントルからのマグマの噴き出し位置（ホットプルーム）は動かず変わりません。その上を海洋プレートが移動するため次々と火山ができ、プレートの動いた方向に列をなして海山列・海山群が形成されます。

🌀 南太平洋の「ホットマントルプルーム」（p.11）

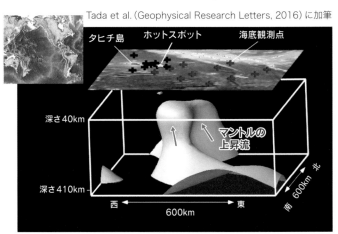

Tada et al. (Geophysical Research Letters, 2016) に加筆

海底電位差磁力計（右ページ）を用いて、電気の通りやすさを調べて可視化しています。マントルの深い部分から、浅い部分へ向けて、マントルが上昇しています。

カムチャッカの奇妙な火山帯

太平洋プレートの北西側は、北米プレート（オホーツクプレート）の下にもぐりこんでいます。北米プレートの下に沈んだ太平洋プレートは地下100km～150kmでマグマを生み、日本では那須火山帯・千島火山帯を形成し、カムチャッカ半島にも火山帯を作っています。

海溝で海洋プレートが沈み込むと、その上に乗った海山も一緒に、マントルに埋もれていくのですが、ここで興味深いことがわかりました。海山がマグマ形成に関係しているらしいのです。

例えば、カムチャッカ半島のEC（イーストコーン）地域にある火山で溶岩のサンプルを採取して詳しく分析したところ、高マグネシウム安山岩や6300ppmものニッケルを含むカンラン石結晶が見つかりました。こんな高濃度は普通の火山では見られません。

● 想定外の火山活動は起こるの？

ECの火山活動は12万年～73万年に起きた一過性のもので、溶岩の組成は沈み込んだ海山を起源とするマグマだと考えると、高いニッケル値を説明できることがわかりました。

海山が沈むと“予期せぬ火山活動”が起こる可能性があるのです。実は日本列島周辺にも海山が沈み込んでいるところはあります。今沈み込みを始めている海山の影響で、マグマの上昇から火山噴火にいたるまでには数万年～数十万年という地質学的スケールを要します。一方、このような沈み込みつつある海山は、プレート境界で「ひっかかり」になるため、巨大地震の発生と関係があるのではないか？という説も唱えられています。いままでに考えられていたプレート運動や地震・火山発生のメカニズムの仮説に、新しいアイデアがどんどん加わっていっています。

◥ 海底電位差磁力計（長期設置型）

南太平洋のホットマントルプルームなどを捉えるために開発されました。この装置を約1年間海底に設置して、地球外部から降り注ぐ電波（電磁場）を測定すれば、マントル内部を電気の流れる様子が可視化できます。p.59の装置はこれらをさらにコンパクトにしたタイプです。

マントルを掘る！

プレートの下にあるマントルを知りたい

挫折続きの人類の夢

　地殻の下にあるマントル、地球体積の約8割を占めるマントルですが、それを手にした人はいませんし、写真などで見た人もいません。さらに地球の中心付近には外核・内核があります。地球の核を見るのは無理だとしても、マントルには手が届くかもしれません。

　人類が掘った穴のうちで一番深いのは、ロシアがソビエト時代から掘っていた、コラ半島超深度掘削坑です。地殻深部を調べるために1970年から掘り始め、20年かけて地下12261m（約12.3km）まで達しています。しかし、かの地の地殻厚みは約40km、地殻の3分の1を掘ったに過ぎません。

　同様の計画はアメリカにもありました。地殻の薄いメキシコの海底を掘ることでモホロビチッチ不連続面（地殻とマントルの境界面）まで届かせる目的から「モホール計画」と呼ばれましたが、計画立案の1957年から10年も経たない間に資金不足で放棄されています。

　いま、そこにチャレンジするのが地球深部探査船「ちきゅう」（p.78）です。21世紀版のモホール計画とされる国際プロジェクトを日本が主導しています。「ちきゅう」のドリルの長さは最大10km、水深2500mの深海底を掘削できるので、そこから海の底を7500m掘れるだけの潜在能力があります。

　これなら海洋の薄い地殻（5km〜）を掘り抜いて、マントルに届くかもしれません。現在、複数の候補地で詳細な海洋調査が行われています。ただし、掘削管などの軽量化・ドリルの耐熱化といった技術的問題を解決しなければなりません。

下調べ、マントルの"化石"を調べる

　地殻の下にあるマントルを掘る前に、地表に露出しているマントルの「化石」を見てみましょう。地球上には、大昔にマントルだった場所がプレート運動によって地上に現れ、岩石塊となった「オフィオライト」が点在しています。中でも特に、中東、アラビア半島の東端にあるオマーンの北にあるオマーン・オフィオライトは、8000万年前まで海洋にあった地殻とマントルの一部（海洋プレート）が層になって大規模に保存されているため、地質研究者に注目されている場所です。

　とはいえ8000万年前といえば、恐竜が絶滅するよりも前のことです。長い年月をかけて地表に出てきたマントルは変質してしまっています。なるべく"レア"な岩石を手に入れるため、各ポイントで300〜400mの深さまで掘削してサンプルを採取しました。

　そこで採取した岩石サンプルを、地球深部探査船「ちきゅう」の船上ラボに持ってきて、世界中の科学者が集まって分析を行う「ちきゅうオマーンプロジェクト」が、2017〜2018年に静岡県清水港で行われました。マントルの掘削や分析の準備が、少しずつ整えられています。

🔵 マントルの可視化に用いられる広帯域海底地震計（BBOBS）

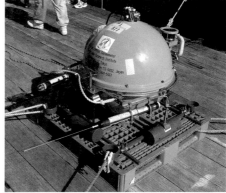

地震観測を海底で実現するために開発された海底観測装置です。地震データに基づいて、マントルの様子を可視化します（p.77）。

右上は広帯域海底地震計の中身。チタン製の耐圧容器の中に、地震計や記録装置が詰め込まれています（協力：東京大学 地震研究所 塩原 肇 教授）。

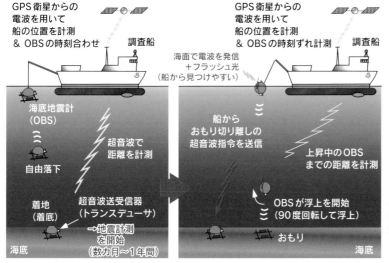

GPS衛星からの電波を用いて船の位置を計測 & OBSの時刻合わせ　調査船

海底地震計（OBS）

自由落下

着地（着底）

超音波で距離を計測

超音波送受信器（トランスデューサ）→地震計測を開始（数カ月〜1年間）

海底

GPS衛星からの電波を用いて船の位置を計測 & OBSの時刻ずれ計測　調査船

海面で電波を発信＋フラッシュ光（船から見つけやすい）

船からおもり切り離しの超音波指令を送信

上昇中のOBSまでの距離を計測

OBSが浮上を開始（90度回転して浮上）

おもり

海底

広帯域海底地震計の設置・回収の様子。地震計を数カ月〜1年間、海底に設置することで、地球を駆け巡る地震波をキャッチ・記録します。

マントルが地球の運命を握っている

マントルの調査で何がわかる？

◎ 地の底のマントルを調べるのに、地震が役に立つ！

人類はあの手この手で、マントル内部を調べようとしました。そのうちの一つが「地震波トモグラフィ」です。これは病院で行われている超音波診断によく似ています。地球の場合は地震を"音源"、地震計を"マイク"と考えて、地震の揺れ（地震波）がマントル内部を伝わる時間を測定します。地球のあちこちで発生する数多くの地震波を、地表に設置した数多くの地震計で捉えることで、地球内部の地震波の伝わる様子を断面として捉えることができます（トモグラフィ＝"断面写真術"）。

例えば日本列島の地下の様子を見てみましょう。マントルは、温度が低いと地震波が速く伝わり、高温でマグマを含むと地震波は遅く伝わります。海嶺で誕生した海洋プレートは海水によって冷やされていて、日本列島の下に沈み込んだ後も温度は低めなので、ここでは地震波が伝わる速さ（地震波速度）は速くなります。一方、陸上の活火山直下のマントルでは、地震波速度は遅くなっています（p.72や下の図）。マントルの一部が溶けてマグマになっているためです。冷たい海洋プレートが沈み込んだのに、マントルが溶けるのはちょっと不思議ですね。海嶺やホットスポットにできる火山は、マントルの大規模な上昇によってできます。高温のマントルが圧力低下によって溶けるのです。一方、日本列島の火山には「水」が必要です。海洋プレートにしみ込んでいた水分が日本列島直下のマントルに供給されています。この水がマントルを溶けやすくするため、大量のマグマが発生して、火山の噴火を引き起こすのです。

🌊 熊本県阿蘇山の地下構造（地震波のS波の速度異常）

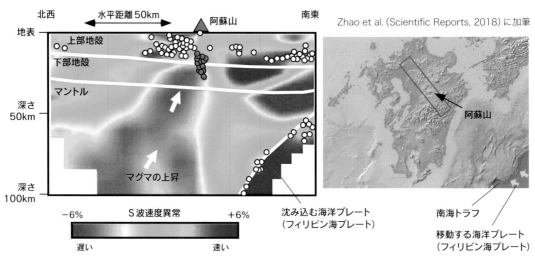

Zhao et al. (Scientific Reports, 2018) に加筆

マグマが阿蘇山の北西方向から上昇している様子がわかります。白丸は地震の震源分布、紫丸はマグマの上昇に関わると考えられる"ゆっくりとした地震（低周波地震）"の震源分布です。

沈み込んだ海洋プレートはどうなる？

地震波トモグラフィを使えば、日本列島の下に沈み込んだ海洋プレートの「その後」をたどれます。沈み込む海洋プレートは、深さ410km〜660kmの付近にいったん溜まったのち、マントルの底まで一気に落下する様子が、近年明らかになってきました。マントル深くに沈み込んだプレートは「スラブ（“平らな板”の意味）」と名前を変えます。また、マントル内で一旦溜まったスラブは「スタグナントスラブ」と呼ばれています。マントル内を落下するスラブによって、マントル

内には上昇する流れも発生します。これを「ホットマントルプルーム」（p.11, p.72）といいます。

このようなマントル全体の対流運動は、地表近くのプレートの運動の原動力にもなっていると考えられています。この説は「プルームテクトニクス」と呼ばれていて、プルームの動きが有害な宇宙線から地球を守る自然のバリア「地球磁場」の安定性に影響を与えたり、全地球規模の火山活動の活発化を引き起こすのでは？といわれています（例：2億5000万前の火山活動と生物の大量絶滅）。つまり、地球全体の運命はマントルが握っているのです。

🔷 日本列島の地下超深部に沈み込むプレート（スラブ）

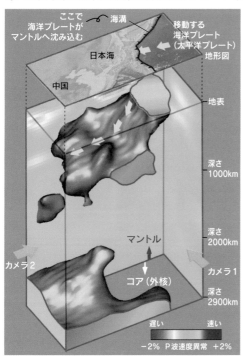

地震波トモグラフィによって立体的に可視化しています。深さ方向に3倍引き伸ばしています。

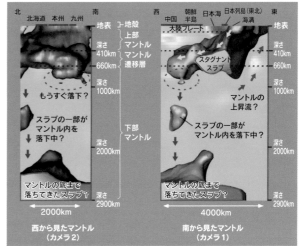

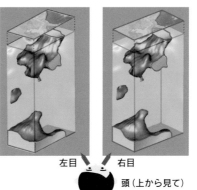

沈み込むプレート（スラブ）を立体視（並行法）。図に顔を近づけてから、ゆっくりと遠ざかると、立体に見えるぞ！

地球を掘る「ちきゅう」

　地球深部探査船「ちきゅう」とは深い海の底、海底のその下を掘削するために作られた巨大な船舶です。船体中央には、海面から120mの高さにもなるデリック（掘削やぐら）が立っていて遠くからでも"ちきゅう"だ！　と一目でわかります。

　海底掘削を目的とする「ちきゅう」の構造は、かなり特異的です。船上の大半が、デリックを中心とした全長10kmにおよぶドリルパイプの設置・格納のための掘削作業区が占め、その前方に研究区画と居住区画があります。普通の船舶より幅が広いのは、船底の中央に穴（ムーンプール）が開いているからです。また、波や潮流があっても（掘削のため）船をその場にとどめるサイドスラスタ・アジマススラスタが7基もあります（航海時には船尾の2基を利用）。

🔹 ちきゅう外観

「ちきゅう」は、総トン数 5万6752t、全長210m、幅38m。船としての規模は、日本の豪華客船「飛鳥II」（総トン数 5万444t、全長241m、幅29.6m）を上回ります。2011年3月の大津波時に「ちきゅう」は八戸港に停泊していて、船体が一部損傷しましたが、翌年には地震調査掘削へと出港しました（p.52）。

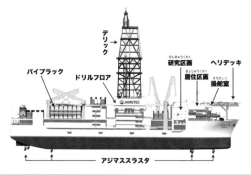

「ちきゅう」の構造。掘削時は航海が長期になります。乗組員の交代に大型ヘリコプターを使うため、ヘリポートもあります。デリックの下には穴があり、海中〜海底へドリルパイプを下ろせます。

❖ 掘削能力

　いくら海底掘削のために作られた「ちきゅう」といえ、船からドリルをそのまま降ろしてどんどん掘り進むわけには行きません。相手は海底です。そのまま掘っていくと孔の壁が崩れたり、掘り屑が溜まって孔の中に入ってしまうなどの問題が起こります。ちきゅうでは、ドリルパイプと、それよりも一回り太いパイプの二重管構造で船底から海底（掘削孔）までつなぎ、内筒から泥水を送り込み、外筒と中筒の間から泥水と一緒に掘り屑を船上に出す、「ライザー掘削」を行います。

　基本掘削能力は、ライザー掘削時は海底下7000m。ライザー掘削では、ライザーパイプを船底から海底へ2500m（水深2500mの海底）まで伸ばせます。また、ライザーレス掘削も可能です。

後者の場合は水深7000mの海底まで対応。海底は2000mほどしか掘れませんが、大深海での掘削や試掘、短期間に多くの掘削を行う場合などに適しています。ドリルの先端（ドリルビット）も地盤の状態やコア採取の有無などにあわせて数種類が用意されています。

❖ 「ちきゅう」の本格ラボ

　周囲を海洋に囲まれた日本にとって、地球深部探査船「ちきゅう」は、海底研究の最前線基地でもあります。「ちきゅう」が掘削するのは世界中の研究者が注目する場所です。自然科学では、研究対象の近くに研究所を構えるのが常。「ちきゅう」は、海の上を自由に移動する最先端の研究所でもあり、陸上と同等のコア分析機器を搭載しています。

最上部にあるラボ・ルーフ・デッキに、海底から引き上げられた長さ9mのコアを搬入した後、1.5mに切断したら常温（4℃）保管し、各フロアで分析します。船上の設備ですが規模は研究所そのもの！

第3章

海から知る
地球生命と気象

海と生物、環境のかかわり

海と生物の関係

◉ 生物とは何か？

　科学的にも哲学的にも非常に難しい問題です。一般的に広く受け入れられている考え方としては、次の3つの条件を満たすものを「生物」と定義しています。

①自己と外界とを隔てる膜などの構造がある
②エネルギーと物質の代謝により恒常性を保つ
③自己複製能力がある（似た子孫を残せる）

　この定義に従うと病原体としても有名な「ウイルス」は②を満たさないため、生物としての立場があいまいになります。

　さらに時間スケールが決められていないので、たとえば右の大賀ハスの種のように、一見すると普通の石ころに見えていても、数万年の時を超えて芽を出す場合もありえます。無限の時の中で宇宙を漂う生物もいるかもしれません。

🔖 古代のハスの実から咲いた大賀ハス

©Hamachidori　CC BY-SA 3.0
実際に、弥生時代（約2000年前）の遺跡の中から発見されたハスが、掘り出されたあとに発芽・成長した例があります。

◉ 極限環境生物と海

　生物は地球のいたるところに存在しています。その生存範囲は人間の常識を超えています。例えば、122℃の高温＋高圧の環境でも生きることができる微生物（メタン菌）が見つかっています。こうした極端な条件の環境に生きる生物を「極限環境生物」と呼びます。

- **温度**：0℃で増殖する生物（細菌や魚）、80℃以上で増殖する微生物（古細菌）
- **酸とアルカリ**：pH5以下の強酸性、pH9以上の強アルカリ性でよく増える微生物
- **塩分**：塩化ナトリウムの飽和水溶液並みの塩分を好む微生物（古細菌）
- **圧力**：深海の生物全般、500気圧（水深5000m）を好む生物も多い
- **放射線**：他の生物が完全に死滅する超強力な放射線でも死なない細菌やクマムシ

　極限環境生物の中でも多いのが微生物、特に古細菌（アーキア）と呼ばれるグループです。高温に耐えるメタン菌も古細菌でした。これらは、バクテリアと称される一般的な細菌（真正細菌）と

似た姿をしていますが、遺伝子や生化学的な性質を調べると、まったく異なっているのがわかっています。古細菌は、細菌よりも真核生物（動物や植物など）に近い生物です。

細菌・古細菌・真核生物の共通の祖先が最初の生物です。今から約40億年前、そこにはいろいろなものを溶かし込んだ大量の水（海）があり、最初の生命は海の中で誕生したようです。

全球凍結！　スノーボールアース

最初の生物がどのようなものかは諸説あります。当時の地球には生物が自由に使える酸素はなく、二酸化炭素からメタンを生成する「メタン菌」のようなものがいたと考えられています。メタンは二酸化炭素の25倍の温室効果があり、生物が排泄するメタンが地球を暖めていました。

しかし約22億年前に環境が激変します。地球が冷え、全球が（海も）凍りつく「スノーボールアース」が起こったのです。いったんは全球凍結した地球ですが、火山から放出された二酸化炭素による温室効果によって再び気温が上昇します。その後、地球の氷が融けるにつれて、陸地から海へ大量の栄養塩が流れ込み、光合成を行う「シアノバクテリア」が大繁殖したことで大気中に酸素が急増したと考えられています。

22億年前の地球環境の激変が、豊富な酸素を生んだのです。ところでなぜ全球が凍ってしまったのでしょう？　シアノバクテリアは27億年くらい前にはもう誕生していました。大気中のメタンは生まれたての酸素で酸化されたので、温室効果が少し弱まってしまい、スノーボールアースが起きたのかもしれません。

全球凍結と大気中の酸素レベルの関係

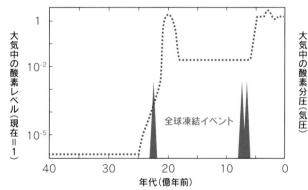

全球凍結のあとには大気中の酸素の量が増えています（赤点線）。海中も同様に酸素が増えます。（出典：https://park.itc.u-tokyo.ac.jp/tajika/research/大気中酸素濃度はなぜ上昇したのか / 図2を参考に作成）

多くの生物は酸素に頼る

現在の地球上の生物の多くは、生きるために酸素が必要です。酸素を使うことで、有機物に含まれる炭素を効率よく二酸化炭素に変え、そのときに発生するエネルギーを生きるために利用するのです。一度目のスノーボールアース後の酸素増大期に真核生物が誕生し、二度目のスノーボールアース後の酸素増大期には多細胞生物が生まれた

と考えられています。スノーボールアースという超過酷な環境にも関わらず、その度に生物の進化が促されたのです。

酸素濃度が現在の地球と同じぐらいになると、大気上層でオゾン層が作られます。オゾン層は太陽からの強烈な紫外線から地表を守るようになりました。

海の生命を
もっと知りたい

陸上生物が繁栄する現在の地球環境は
"海と生命が一緒に作り上げてきた"ともいえます。

海洋上の植物プランクトン

　地球に海ができ、生命が作り出した大気中の酸素がオゾン層となって生命に有害な紫外線をさえぎります。そうしてやっと陸上生物が繁栄する環境が整ったのです。

　地球の気候が安定してきたのも海と生命のおかげです。たとえば、地球温暖化の原因物質の1つとされる二酸化炭素を吸収し、有機物に変えて酸素を排出する（光合成を行う）植物ですが、その半数は植物プランクトンとして海に存在します。

海域における植物プランクトンの分布（青が少、黄から赤が多）

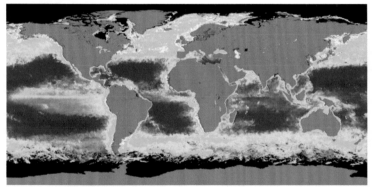

海洋のほぼ全域に光合成をする植物プランクトンが存在しています。中緯度から高緯度が特に濃密です。また、最近の研究では大気汚染物質として知られるPM2.5（微小粒子状物質）が植物プランクトンの栄養となっているらしいともいわれています（p.101）。
（画像提供：NASA）

生物多様性のカギは海にある

　地球表面の7割を占める海は生命に満ちています。しかし、その生物のこと、特に深海生物の詳しい生態はあまり知られていません。深海探査機などが捉えた海の奇妙な生き物が映像で紹介されますが、ほとんどが「○○の仲間」「△△の一種」とされるのみで、詳しい暮らしぶりなどは未解明です。

　例えば、ウロコフネタマガイという貝は、体の外側に硫化鉄を含むウロコがある腹足類（巻貝）のため、スケーリーフット（ヨロイに覆われた足）の別名があります。黒色の個体だけでなく、硫化鉄

を持たない白色の個体も見つかっていますが、インド洋以外では見つかっていません。なぜなのでしょうか？　スケーリーフットは海洋生物に関する学名を登録・管理する団体 World Register of

スケーリーフット（和名：ウロコフネタマガイ）

硫化鉄を含む黒色の
ウロコが特徴的です。

Marine Speciesにおいて新種トップ10に選ばれたこともある、珍種中の珍種です。

深海には人類の知らない微生物も多く、そこから新たな医薬品（抗がん剤など）を見つけて実用化した例もたくさんあります。特に熱水噴出孔（深海熱水活動域）は金属鉱床としてだけでなく、熱や薬品に強い生物資源を探す場所としても注目されています。

地球環境は海が左右する

地球の環境を決定しているのは、ほぼ太陽光（99.97%）※です。これが海の温度を左右します。海水温が上がれば水は蒸発して雲となり、太陽光を遮るので、海水温は低下します。絶妙なバランスで成り立っているのが地球の環境なのです。

四方を海に囲まれている日本は、海流の流れ方や海水温、その変化が重要です。黒潮の蛇行は台風の進路や、陸上の風や降雨、気温、水産業にも大きく影響します。

地球の熱（エネルギー）の収支

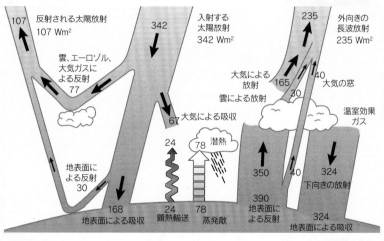

太陽光の約半分が陸や海を暖めますが、その熱もすべて宇宙へ放射されます。大気中にたくさんの熱を受け止めれば灼熱地獄、逆に熱を受け止めなければスノーボールアースになってしまいます。

深層の海流を調べろ

世界の海はつながっています。地球の自転と大気の流れに応じて海の水は流れますが、その流れ方は複雑です。人工衛星からの探査で、海表面の温度や表層の海流などある程度のことはわかりますが、海の中まではわかりません。深海の海流（深層流）の地球規模循環の調査も始まっています。

将来、海中の海流や海の水によって運ばれるモノやエネルギーの動きも明らかにされ、気象予報や温暖化予測の精度はもっと向上するでしょう。

海面～水深750mの観測を行うトライトンブイ

※ 太陽から地球に届く熱に対して、地球内部からの熱（惑星誕生時の衝撃熱と放射性元素崩壊時の熱）は0.03%です。

海の生物の多様性

陸と海のどちらに生物が多いのか、まだわからない

◎ 海の生物はわからないことだらけ

　地球上にはさまざまな生き物が暮らし、生態系を支えています。当然、海の中にも生物がいて生態系を築いています。従来、水深200mより浅い海では光合成が盛んで多くの生物が暮らしていますが、深海のことはよくわかっていません。水深8178mの超深海に魚類がいるのを確認したのも、つい最近のことです（p.31）。

▼ 全世界の既知の総生物種数は約175万種

陸上	哺乳類	約6000種
	鳥類	約9000種
	昆虫	約95万種
	植物（維管束植物）	約27万種
海中	既知生物	約25万種
	（うち、深海生物）	約6万種
未発見のものを含めた 地球上の生物	総数 500万〜3000万種	

◎ 深海には独特の生態系がある

　深海に生物があまりいないように考えられてきたのは、光が届かないからです。植物プランクトンなど光合成を行う生物が少ないため栄養が作れません。

　しかも海中や海底には、生物の死骸や排泄物などの有機物を分解する細菌などが活動しています。細菌は海水に溶け込んでいる酸素を消費するため、海水中の酸素が激減する層が水深600m〜1000mあたりにあります。深海には、地上や浅海とはまったく異なり、酸素に頼らない独自の生態系があるのです。

　また、海底に点在する熱水噴出孔周辺の生物は、また違ったエネルギーのやり取りを行っています。まるで、海洋に存在するオアシスのようなもので独自の生態系を維持しています。

▼ 水深で見た海洋生物出現情報

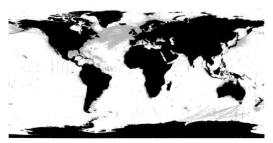 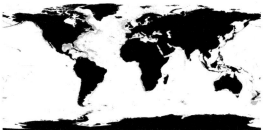

2000〜2010年に実施された国際プロジェクト海洋生物センサスのデータベースOcean Biogeographic Information Systemより。左はすべての水深、右は水深200m以下（深海）のデータ。図からは、深海ほど生物が少ないように見えますが、調査が行き届いていない実態も反映されています。

海の底のさらに下に「森」があった

19世紀の半ばまで深海底のほとんどが死の砂漠だと思われてきました。深海探査艇の調査でも、目に見えるような大型の生き物はまばらに見られるだけです。ところが、1990年代にはじまった海底下（地下）の生物調査によって、その考え方はくつがえります。

海の底の地中深く（地下800m）にも、海水中をはるかに上回る数の生物（微生物）がいたのです。生物は海底下のどこまで生息できるのか？それを調べるため、地球深部探査船「ちきゅう」が青森県八戸沖の水深1180m地点を掘削調査したのが2012年7月です。2015年、その結果として驚くべきことがわかりました。

● なぜ、その場所を掘削したのか？

八戸沖の海底、地下深くには石炭層があり、地下の比較的浅いところにはメタンハイドレート層があります。

日本列島が形成される前、かつての八戸沖はユーラシア大陸の東端にあり、森林が生い茂る陸地でした。日本海が作られたおよそ2000万年前には海に沈みました。植物の遺骸は泥炭を経て石炭になり、さらに石炭の有機物が微生物に分解されメタン（天然ガス）が発生した可能性があります。地中の微生物を探す場所として適切だったのです。

■ 八戸の沖、約80kmの場所

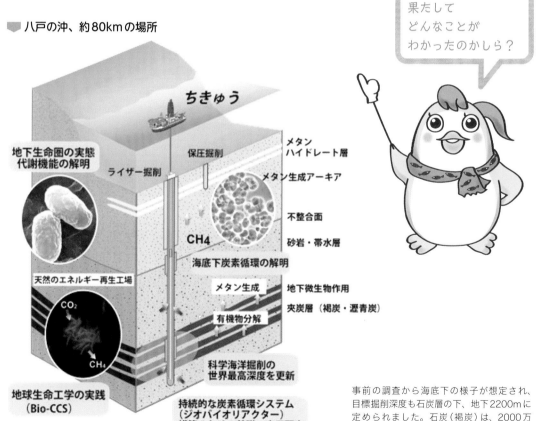

果たしてどんなことがわかったのかしら？

事前の調査から海底下の様子が想定され、目標掘削深度も石炭層の下、地下2200mに定められました。石炭（褐炭）は、2000万年以上前の植物に由来します。

遺伝子レベルで解析

　深海の海底深くから、堆積物コアが採取されたのは2012年。生物（微生物）の有無が慎重に調べられました。例えば、掘削作業に使う泥には1cm³あたり10億個以上の細菌がいます。海水や海底付近にも微生物はたくさんいます。これらが堆積物コアに混ざらないように、仮に混ざってしまっても検出数に影響が出ないよう、最新の遺伝子レベルでの解析が必要だったのです。3年間の分析の結果、海底下1200mより深いところでは、細菌などの細胞の数は1cm³あたり100 個以下で、とても少ないことがわかりました。

海底下約2kmから採取したばかりのコアと、分析・保管に回されるコア試料

このあと、高度なクリーンルームで解析が実施されました。

微生物がいた！

　数は少ないのですが、水深1180m、地下2466mにも微生物が生息していました。特に有機物に富む石炭層では、周囲の100倍以上の微生物密度を示しました。石炭層には炭素のほか水素、リンなど微生物の栄養となる物質も多く微生物の種数も多く、ここだけで1つの生命圏をなしていると考えられます。

　これら微生物は非常にゆっくりですが、水素と二酸化炭素を栄養にしてメタンを作っていることがわかりました。海底下のメタンは、メタン菌などの微生物が作るもの（生物起源）と、有機物が熱によって分解して作られるもの（熱分解起源）の、これら2通りの起源が考えられます。八戸沖の場合は、海底下のメタンガスやメタンハイドレートも、生物由来である可能性が出てきたのです。

古代の森林が地の底に!?

海底の地下深くから採取した堆積物には、どんな微生物が含まれているのか？詳しく調べるためには採取した微生物を実験室内で培養して増やさなければなりません。

培養実験開始から40日目。培養器内の気体を分析するとメタンの濃度がわずかに増加していました。微生物は順調に増加しています。そして培養開始から694日目（！）、スポンジに付着させていた石炭を調べると……。微生物がびっしりと繁殖していたのです。

深海の地下深部にいる微生物は、海底付近のものは種類が異なっていました。むしろ、陸上の森林の土に暮らす微生物に近い種類が発見されました。2000万年の長い眠りから目覚めた微生物達なのか、はたまた世代交代を繰り返してきた子孫なのかはわかりませんが、何十年もかけて少しずつ増える微生物も含まれていたことが実験で確認できました。海底地下には確かに「森」があり、そこでは私たちが知らなかった地下生命圏が広がっていたのです。

🔲 走査型電子顕微鏡で、実験前（左）と694日目（右）の石炭粒子表面を観察

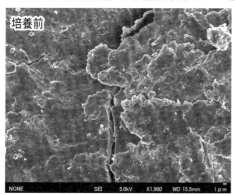

さらに拡大したもの。
表面を覆いつくすように100種類以上の微生物が繁殖しています。右下の白線は1000分の1ミリの大きさを示しています。

第三の生命体

生物は太陽の光エネルギー以外を利用できるのか

◉ 太陽光を利用しない例外的な生物

地球表面で暮らしているほとんどの生物は太陽光に依存しています。多くの植物や、光合成を行うシアノバクテリアなどが「光エネルギー」を利用して栄養となる有機物を作り、その栄養によって成長・増殖・世代交代を行います。動物など光合成のできない生物は彼らが作った有機物を栄養とするしかありません。光の届かない深海や土中にも生物はいますが、海の浅いところで作られた有機物（排泄物や遺骸）のほか、土中に埋没した生物由来の有機物を栄養にしています。

一方で、深海の海底にある熱水噴出孔付近には、光が届かないにも関わらず、豊かで複雑な生態系が存在しています。それを支えているのが「化学合成生物」です。太陽光を利用する「光合成」に対しての"化学"合成。硫化水素や硫黄、酸化鉄、水素分子、アンモニアなどが持つ化学エネルギーを使って、栄養となる有機物を作るのです。

◉ 「電気」を利用する生物？

「外部のエネルギーを利用して、何かを変化させる（有機物を作る）」のは、生命の定義の1つです。現在、生物が利用できるエネルギーとして「光」、「化学」、「電気」、「熱」の4つが考えられています。このうち光を利用する生物と、化学エネルギーを利用する生物はよく知られていますが、今注目すべきは「電気」！ 熱水噴出孔のチムニーでは化学エネルギーのほか、電気エネルギーも豊富なことがわかり電気を直接利用する生物がいるのでは？と最近考えられ始めています。

◗ 外部共生菌を食すゴエモンコシオリエビ

体に生えている毛の表面に化学合成生物の硫黄酸化細菌やメタン酸化細菌を付着（体外共生）させ、それを食しています。すなわち「お弁当持参」で暮らしているのです。

◗ 熱水噴出孔の近くで生きているチューブワーム

体内に硫黄酸化細菌を共生させ、そこから栄養を得ています。硫黄酸化細菌（化学合成生物）は、熱水に含まれる硫化水素をエネルギー源としています。

深海熱水噴出孔は天然の発電所

沖縄本島から北に150km、沖縄トラフの水深1000mにある伊平屋北ナツ（夏）フィールドの深海熱水噴出孔にはちょっと変わったチムニーがあります。通常は、チムニー（煙突）の名の通り、熱水が湧き出す流れに沿って煙突状に縦に形成されるのですが、ここでは横側に熱水が噴出し、屋根状のフランジ（出っ張り）となっていて、張り出し（傘）の下面には熱水が滞留しています。

無人探査機「ハイパードルフィン」(p.62) を用いて、横に張り出したチムニー下にある熱水の電圧（酸化還元電位）を計ると－96mVでした。電子を放出しやすい状態にあります。一方、周囲の海水はおよそ＋466mVで電子を受け取りやすい状態です。チムニーを壊さないように慎重にチムニー上面に電極を付けると……電位は＋49mV

でした。これはチムニーを作っている硫化鉱物に電気が流れていることを意味します。

なぜ電気が発生する？

チムニーではなんと、電気が発生していました。理科の実験などで例に出される原始的な電池（ボルタ電池）は、亜鉛と銅の間に希硫酸などの電解質を挟むことで電子の受け渡しをして電気を作りますが、この場合は、熱水と海水の間に金属成分を多く含むチムニーがあることで電気が作られます。

熱水中の硫化水素が、硫化鉱物（チムニー）を介して海水に電子を渡します。電気化学的には"電池"ですが、熱水や海水があるかぎり電気が起こるので、「燃料電池」もしくは「発電所」といってもよいでしょう。

傘（屋根）のように張り出したチムニー

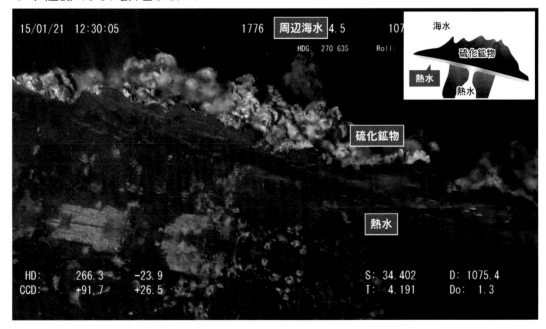

電気を食って増える生物

天然の発電所に電気合成生物がいるかもしれない

◉ 探す場所は深海熱水噴出孔

チムニーに熱水があるかぎり、微弱ですが長期的に安定して電気エネルギーが発生します。そのような "電気が恒常的に存在している環境" には、化学合成生物のほかにも電気エネルギーを利用する「電気合成生物」がいるかも知れません。まだ仮説の段階ですが、研究者たちは電気が発生している深海チムニーで、電気合成生物を見つけようとしています（現時点で未発見です）。

▰ 関連研究を時間順に整理すると

2010年以前	深海熱水噴出孔近くに電気を良く通す岩石（チムニー構成鉱物）があると確認
2013年	熱水と海水で発電ができることが判明（実験室での確認が2015年）
2017年	実際のチムニーで電気が起きているのをチムニーの間近で確認

◉ これは電気合成生物か？

その仮説に基づいて異なるアプローチで研究していたのが、理化学研究所のチームです。光合成・化学合成に続く電気合成生物の発見は、世界的な科学の大課題ですが、まずは2014年には「電気だけで生存できる細菌（電気細菌）の存在」を、南カリフォルニア大学の研究チームが実証しました。

2015年9月、理化学研究所（理研）では、化学合成生物として知られていた鉄酸化細菌に注目しました。電気はあるものの鉄イオン（硫黄）のない環境で培養したところ、細菌が増殖するのを確認しました。2014年の南カリフォルニア大学の研究では "死なない" ということでしたが、理研の研究は "増殖した" のが大きな違いです。

▰ 鉄酸化細菌の一種、A.ferrooxidans の電子顕微鏡写真

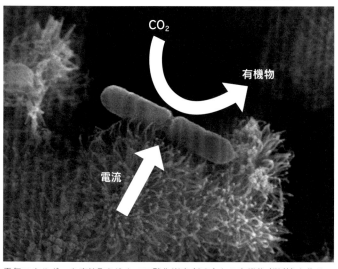

電気エネルギーを直接取り込んで二酸化炭素（CO_2）から有機物（栄養）を作ることができます。

（出典：理化学研究所プレスリリース「電気で生きる微生物を初めて特定」https://www.riken.jp/press/2015/20150925_1/）

海底探検辞書

Acidithiobacillus ferrooxidans（A.ferrooxidans）：鉄酸化細菌の一種で、古くから知られている鉄イオンの化学エネルギーを利用する化学合成生物です。高濃度の鉄イオンが存在する酸性条件で生息し、2価の鉄イオンや硫黄をエネルギーとして、二酸化炭素を有機物（栄養）に変えています。

 ## 化学と電気に同じ仕組みを使う

理研グループの研究でもう1つ明らかになったのは、鉄酸化細菌が電気エネルギーを栄養合成に使うメカニズムでした。化学合成生物としての、鉄酸化細菌（A.ferrooxidans）は鉄イオンのほかにも、硫黄化合物からもエネルギーを得ることができきます。

この鉄酸化細菌が生育するために、細胞膜には「bc1複合タンパク質（回路その1）」と「aa3複合タンパク質（回路その2）」の2つの化学反応用の回路があります。回路その2は、鉄イオンを利用するときにだけ出現します。

電気培養下で、それぞれの回路の電子伝達系を阻害する薬品を使ったところ、どちらか片方を止めると、細菌は増殖しませんでした。このことから鉄酸化細菌は、鉄イオンの化学エネルギーを利用するとき（化学合成時）とまったく同じ回路も使って、電気合成していることがわかりました。

 ## 特別な電気昇圧回路もあった！

また、外部から与える電気エネルギーが、0.3Vであっても、細胞内では1V以上に昇圧して利用していることもわかりました。

つまり、「化学合成生物」は特別なことをしなくても「電気合成生物」として生存のみならず増殖できるようです。しかも、ほんのわずかな物質の偏りで発生する0.3Vという非常に低い電圧（電位差）の電気エネルギーで、炭素固定（二酸化炭素を有機物に）できることが示されました。光合成生物、化学合成生物に続く、第三の生命としての電気合成生物は、生命の起源を探るものにとっても非常に興味深い存在なのです。電気は海底熱水地域だけでなく、雲の中にもありますし（雷）、宇宙空間でもありふれた単純なエネルギーです。これが生命誕生の鍵を握っているのかもしれません。

深海に電気合成生物が見つかるのかどうか、とてもワクワクするね！

生命の起源を探る

38億年前、地球最初の生命は海で誕生した

◉ 生命は海のどこで生まれた？

地球上の生物が海で生まれて進化したことに異論を唱える研究者は多くありません。しかし、"最初の生命が海のどこで生まれたのか？"は、近年、考え方が大きく変わってきました。

従来は、海の波打ち際説が有力でした。海の水に溶け込んだアンモニアやリンなどの無機物が、波打ち際の水たまりで乾燥・濃縮されることで化学変化を起こして低分子の有機物となり波の刺激で混ぜ合わされアミノ酸のような高分子の有機物となり、やがて原始的な細胞のような生命が生まれた……という説です。なお、高分子有機物の供給源として、宇宙からやってくる小天体（隕石・彗星）が由来という説もあります。また、原始生命体そのものが隕石（彗星）によって運ばれてきた宇宙起源説もあります。

しかし、実験室内で生命を作り出すことは未だにできていません。原初の生物は、謎のままなのです。そこで、別のアプローチ法が考えられました。

◉ 共通祖先にさかのぼる

遺伝子解析、DNA分析の手法の発展に伴って、生命進化の新たな解析が可能になっています。現生の生物の遺伝子から共通するものを見つけ、祖先を探ろうというのです。データベースに蓄積された単細胞生物の遺伝子600万を解析し、共通祖先に由来するような遺伝子を探すと、355個が特定できました。

◉ 共通遺伝子は深海熱水噴出孔を指し示した

遺伝子の組み合わせから生物の生きてきた環境を想定すると……そこは、「深海熱水噴出孔」に近い場所でした。遺伝子的に、原初の生命は、水素（硫化水素）やほかの金属元素の存在に依存し、極端な高温環境に適応していたのです。

これは必ずしも、"深海熱水噴出孔の近くで最初の生命が生まれた"という意味ではありません。しかし、化学合成生物（電気合成生物）が存在する深海熱水噴出孔は、原初の生命が生まれた場所として有力視されるようになったのです。

海底探検辞書

深海熱水噴出孔起源説：「最初の生命は、深海熱水噴出孔付近で生まれた」とする説です。JAMSTEC、理研、NASA（アメリカ航空宇宙局）をはじめ、近年、多くの研究者が支持しています。ただし水そのものが、生命を形作る有機物を分解してしまう問題（ウォーター・パラドックス）があることも知られています。熱水噴出孔周辺などに見られる特殊な液体（超臨界CO_2）がこの謎を解くカギだという説が近年提案されたりしており、議論が白熱しています。

独立？　従属？

生物には、外からエネルギーを取り入れて体内で有機物を作れるものと、他の生物が作った有機物（排泄物や死体を含む）を消費して生きるものがあります。前者は、自ら有機物（栄養）を作れるので「"独立"栄養生命」といい、後者は「"従属"栄養生命」といいます。

従属栄養生命は周囲に有機物がなければ死んでしまいますし、独立栄養生命はエネルギーが途絶えると死んでしまいます。その不安を吹き飛ばすような非常にユニークな生物が、沖縄県与那国島周辺の水深1370mにある深海熱水噴出孔から発見されました。

混合栄養生命が見つかった！

好熱性水素酸化硫黄還元細菌（Thermosulfidibacter takaii）は、特殊なクエン酸合成酵素を持っています。このおかげで、エネルギーを利用して有機物を作るサイクルにも、有機物を分解してエネルギーを得るサイクルにも「クエン酸回路（TCA回路）」が活躍できるようになりました。

有機物があればそれを分解して栄養にし、有機物がなければエネルギーを利用して有機物を作る。従属栄養と独立栄養を柔軟に切り替えられる「混合栄養生命」こそが生命の起源である……深海の探査（深海熱水噴出孔）から提唱された新たな仮説です。

深海のゆかいな生物たち

上：ギンザメの仲間（水深約1600m）。銀色の体はまるで宇宙船のようです。
右：水深5000mの海底を歩くセンジュナマコの仲間。カワイイ。中央のパイプの直径は約5cm。

高井研 さん
海洋研究開発機構　超先鋭研究開発部門

「生命は循環であり、変動に富む」

　深海は生命の"ゆりかご"だという話を最近よく耳にします。どういうことでしょうか？　微生物地球学者であり、海洋研究開発機構超先鋭研究開発プログラム長の高井研博士にお話をうかがいました。

「熱水と海水が混ざるところで化学エネルギーが生まれ、生命が生まれる。これが生命起源のアイデアです」

　海底から吹き出す高温の地下水"海底熱水"が、生命誕生の起源というわけですが、加えていまアツいのは電気と生命の関係だそうです。

「最近は"電流"だけでもいろいろな側面で生命起源に寄与できるとわかってきました。そして海底熱水では、電流がビリビリ流れているのは明らかなんです。熱水と海水の化学変化と温度差、この2つで発電をしています。チムニー（海底熱水噴出孔）自体が電気素子になっているのです」（詳しくはp.91）

　電流は海底では数kmといった範囲に流れていて、化学エネルギーが得られる環境よりもずっと広いそうです。この点が、誕生したばかりの生命が広がっていくために必要ではないか、と高井博士は指摘します。そんな熱水地域と生態系も、時々刻々変化しているそうです。

「スケーリーフット（2001年にインド洋で発見された熱水地域に住む巻貝、p.84）を使って電気化学実験をしようと思い、潜水調査船"しんかい6500"で潜航したのですが、スケーリーフットがほとんどいない。発見から15年後には熱水噴出のパターンが変わって全滅寸前でした。インド洋の別の熱水活動域では2009年に見つけて大騒ぎしていたけれど、2013年には活動停止していました。活動域はずっと続くものだと思っていましたが、意外と変わる。結局、物理やパターンで決まるんです」

　ところで、AIやロボットが流行する昨今、有人潜水調査船で人間が深海に潜る魅力や意義をズバリ聞いてみました。

「深海での作業だけなら無人探査機（水中ロボット）の方が効率的です。一方、潜水船は人間が3人が乗って、深海での意思決定がある現場主義。それが良さであり短所である。数回乗った人にはわかってもらえるんだけど、"（前に大発見したのは）あっちのチムニーだ"と気がつくのは人間の記憶であり、脳の知覚だと思います。無人探査機の映像では達成できません。"現場に行く"ということは入ってくる情報量が桁外れに多く、もどかしさなども脳は情報として入れている。さらに現場では"もう失敗できない"という意思・意識が高まります。それだけやって、潜水船の能力も引き出せるし、ここぞ！の時に発見までこぎつけることができるのです」

「僕は微生物の研究もやりますけれど、基本的には循環を研究しています。物質循環というか"化学"に近いですね。水やエネルギーの流れを理解したいというのが基本です」と語る高井博士。

生き物を利用する海洋探査

生物を利用して海の謎を調べるアプローチ

◉ 海流のことは生き物に聞け

　生物と海とのかかわりは「原初の生命を探る旅」だけではありません。海で生きる生物を調べることで"今"の地球環境を知る手がかりを得ることもできます。たとえば、気候や漁業（生活）に大きな影響を与える海流、その細かな変動を調べるのに「バイオロギング」の手法を取り入れる試みです。

　現在、海流の情報は宇宙（人工衛星）から海面の水位変動を測定して求めています。しかし海面の水位変動は、人工衛星の直下でしか正確に測れないため、実際にはその場・その時の海流情報は限られてしまっています。

◉ コンピューターによる気象予想

　従来、船やブイを用いて海流が測定されてきましたが、調査地点は限られていました。近年、気象庁など各機関でスーパーコンピュータによる数値モデル解析が進み、シミュレーションに人工衛星のデータを取り入れること（同化処理）で精度の高い予測値を出しています。

　JAMSTECでは、日本近海の海洋変動予測システム（JCOPE：Japan Coastal Ocean Predictability Experiment）を開発・運用しており、現在は海流予測モデル（JCOPE2）にて約2カ月先までの毎日の海水温度（表面、水深100m、200m）、海流、海水面高さを予測・発表しています。

▰ JAMSTECが試験的に公開しているJCOPEのデータ

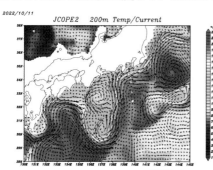

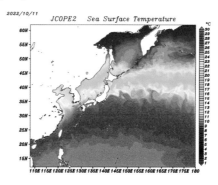

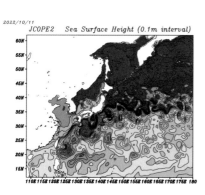

海水面高さなどのデータをおよそ2カ月先までの毎日分を予測しています。

水鳥の行動を調べていたら……

一方、東京大学の大気海洋研究所では、バイオロギング手法を使って海の生き物の生態を調査していました。中でも海鳥、岩手県沖の島に住んでいるオオミズナギドリの生態を詳しく知るため、鳥にロガー（小型の記録装置）を背負わせて、その行動を記録しました。

鳥類（海鳥）などに背負わせるタイプの小型ロガーは、対象生物になるべく負荷をかけないよう軽量化され、GPSも搭載しています。

■ ロガーを背負ったオオミズナギドリ

毎回、決まった営巣場所に帰ってくるオオミズナギドリを捕獲し、ロガーを装着させてもらいます。後日、回収して記録されたデータを読み取ります。　　　　（写真撮影：後藤佑介）

シミュレーション精度の向上に

オオミズナギドリには、エサ探しや飛行に疲れたら、海面に浮かんで休憩する習性があります。その際には、海流に流されます。この時、ロガーに記録されたGPS測位データから、海流の向きと強さを推測できることが詳しい解析から明らかになりました。

このオオミズナギドリの偏流データを、JCOPE2予測値とあわせて解析を試みました。その結果、シミュレーションの予測図が、海面漂流ブイの実測値とよく似るようになりました。生物学・鳥類の生態・行動研究が「海の天気予報」の精度を高める。自然科学（地球科学）は、学問の垣根を越えて関係していることの証です。

負荷をかけないように
ロガーの軽量化が行われて、
しかもそれが対応範囲を
広げているんだね！

海底探検辞書

バイオロギング（bio-logging）：bio＝生物、logging＝記録する、という意味の複合語です。対象生物に取り付けて、記録された位置、映像、環境情報などから、直接観察しにくい生物の行動・生態を調べる研究手法です。GPSや加速度センサーなどの小型軽量化により、対応範囲が広がっています。

佐藤克文さん

東京大学大気海洋研究所　海洋生命科学部門

「動物の背中に乗ってみると」

「僕らは、海の中の動物がどれぐらいの頻度で何を食っているか、それを知りたくてカメラをつけているんです」

東京大学大気海洋研究所 行動生態計測分野の佐藤克文教授はそう語ります。学生時代からウミガメを研究されている佐藤先生は、アザラシやクジラなどの海で生きる動物に小型の記録計（データロガーやビデオロガー）を取り付けて、その暮らしぶりを研究する"バイオロギング"の第一人者です。記録計は人間が取り外して回収します。回収できない場合は自然にはがれ落ちます。動物への影響を抑える工夫もなされています。

「動物にカメラをいきなり載せてみると、従来いわれていたこととは全然違う研究結果がボンボン出てきます。最初に"これを知りたい"と思っていたことは明らかにならずに、その代わりに全然別の"もっと重要なこと"がわかったりします」

佐藤先生たちが海の動物にカメラを付け始めたのは1998年。一般に出回り始めたデジカメを、日本で初めてバイオロギング用に改造しました。最初のカメラは双眼鏡サイズで重さも1.5kgでしたが、時代が進むにつれて10円玉サイズに小型化。遊泳速度を測るセンサーや航空機で使われるフライトレコーダーの超小型化にも成功し、様々な動物に取り付けられるようになりました。その結果、泳ぎながら寝るアザラシや、深い海に潜る前に大量の空気をあらかじめ吸い込むペンギン、風に応じて飛び方を刻々と変える海鳥（前ページ）など、数々の発見がなされました。

「鳥の飛び方から推定した海上の風と、人工衛星の観測情報がうまく一致しました。鳥から風を測るのはもともと学生の発想からきているんです。すると気象関係者からデータがほしい、と。動物が大好きな自分たちの"データ"には、自分たちが考えもしなかった遥かに大きな価値があると気づきました」

野生動物の環境の維持が、私達の社会や暮らしをより安全なものに代えていくことにも繋がる、そんな未来が想像できますね。

「海の中、特に深海は目には見えない、見えなかった。見えないとそこにどんな謎があるかも想像できない」
見えない世界を見ることは大事だと話す佐藤先生。

バイオロギングで用いられる超小型ビデオカメラ。重さは僅か15g。

大気汚染と海洋生物

自然破壊は、海に思いもよらぬ影響を与えていた

◉ プラスチックゴミ削減は世界共通

人類も生物です。人と環境汚染、気象や海洋の関係は、地球上の生物にとって見逃すことのできない問題です。海洋・深海の探査を行うと、あらゆる深度の海底から人の残したさまざまなゴミ（デブリ）が発見されます。特に自然には分解しないプラスチックは、長く残ってしまいます。細かくなったマイクロプラスチックが、1リットルの砂に数千個見つかることもあります。

海溝からもポリ袋

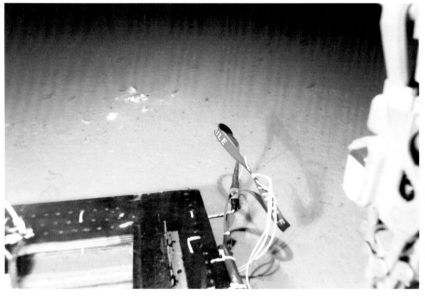

◉ PM2.5の越境汚染

これらのデブリは河川や海岸から海洋に流れ出し、海流に乗って運ばれますが、大気に乗ってやってくる場合もあります。近年、日本の近くも問題になっている「PM2.5」がそうです。

PM2.5は、アフリカ大陸中央部、アジア大陸の東（中国）などで大量に発生し、偏西風に乗って日本にも飛来します。日本に飛んできたPM2.5は、そのまま風に乗って太平洋に流れていき、やがて雨とともに海に落下し、溶け込みます。

撮影深度（水深）10898m、世界一深いマリアナ海溝で1998年5月に撮影された写真からは、複数のポリ袋が見つかりました。日本海溝の底（水深6300m）ではマネキンの頭が見つかったこともあります。

海底探検辞書

PM2.5（微小粒子状物質）：硫黄酸化物（SOx）、窒素酸化物（NOx）などが大気成分と反応して粒子状になったもので、粒子径が2.5μm以下のものです。石炭などを燃やしたときに出る燃焼排煙、自動車の排気ガスが主な要因で、火災（山火事）、火山、海洋（海水塩分）起源のものもあります。

植物プランクトンの少ない海域は？

日本の南方海域である西部北太平洋亜熱帯域は、貧栄養海域（海の砂漠）だと考えられていました。植物プランクトンに不可欠な栄養塩（硝酸塩やアンモニウム）が河川から流入せず、深海底から撒き上がることもありません。植物プランクトンが少ないため魚類なども少ないのです。

しかし人工衛星から植物プランクトンの量（クロロフィルa）を調べると、想定より2.3倍ほど多かったのです。どこから栄養塩が供給されているのでしょうか？　どうやら、大気からPM2.5として栄養塩が供給されていると想定すると、つじつまが合うようです。

JAMSTEC、神戸大学、国立環境研究所の研究グループは、これまで気象分野と海洋分野で個別に使われてきた大気化学領域輸送モデル（PM2.5の移動・拡散）と、海洋低次生態系モデル（植物プランクトンの増減）を組み合わせ、JAMSTEC内に設置されているスーパーコンピュータ「地球シミュレータ」で計算しました。その結果、PM2.5などの大気窒素化合物の沈着（海への移行）を考慮する場合としない場合では、植物プランクトン量が違っていました。

思いのほか複雑

この海域での植物プランクトンの増加が、二酸化炭素（CO_2）の吸収や動物プランクトン・魚類の変動にどのように影響しているかは、これからの調査研究を待たなければなりません。しかし、大気汚染や気象・海の生物も複雑に関係していることがわかります。地球の環境は、陸だけではなく海洋・気象・生物すべてをひっくるめて、1つのシステムとして考えるべきなのでしょう。

▼ 大気から栄養塩が供給されるしくみ

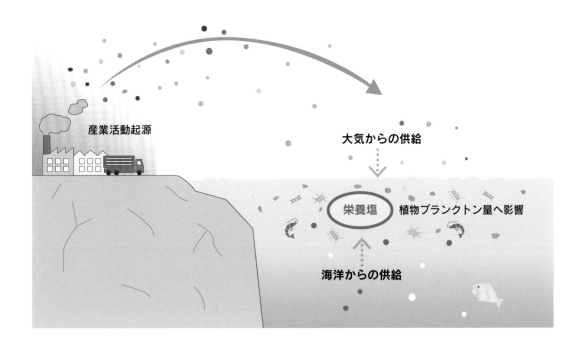

海のすべての領域を知りたい！

ギリシャ神話のアルゴ船のように、世界を駆け巡れ

 世界規模の海洋観測プロジェクト

　20世紀になって深海探査も進み、海底地形が明らかになると、海の深層での海流調査も進みました。海流によって移送される熱や物質の循環が気象や生物（漁業）と密接に関係していることが知られてきたからです。船を使った気象観測や深海調査が盛んに行われてはいますが、世界の海をもれなく調べるのは大変です。人工衛星データは広範囲を一度にカバーできますが、あいにく海の深部の情報はわかりません。

■ 船上から観測機器を付けたゴム気球を飛ばす様子

 計画始動は20世紀末

　そんな中、さまざまな国が協力して2000年から実施されたのが、「アルゴ（Argo）計画」です。カギとなるのが、世界中の海で約3900基が稼動している「アルゴフロート」です。

　その仕組みを詳しく見ていきましょう。

■ 世界のアルゴフロート分布状況

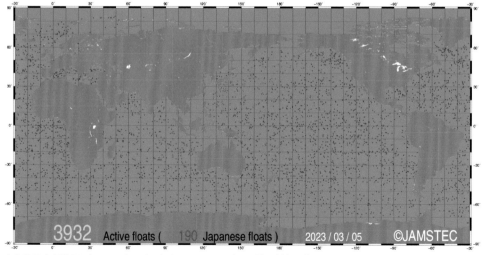

3932　Active floats（　190　Japanese floats）　2023 / 03 / 05　©JAMSTEC

赤色は日本が投入したフロートです。およそ300km四方に1基の割合で稼動しています。

アルゴの仕組み

　アルゴ計画は、全世界共通仕様で作られた、円筒形のアルゴフロートによって成り立っています。アルゴフロートには、浮力調整機能とバッテリー、センサー類（温度、塩分、圧力）が内蔵されていて、海に投入されると自動的に海中を昇降しながら4年ぐらいの間、漂流します。

　測定項目は、海面〜水深2000mの 海水温、塩分ですが、ARGOS衛星との関係で浮上時のおよその位置もわかるため、前回の浮上時との差から10日間の移動（＝中層の海流）も求まります。アルゴフロートは年間に800〜1000基が追加され、常に3000〜4000基が海中を漂うように整備されています。

海底探検辞書

ARGOS衛星（argos system）：各地域からの環境データ送受信用に、1978年に整備された低軌道の人工衛星ネットワークです。遠隔の自動気象観測所など多くの科学研究分野で利用されています。

　稼働中の（電波を発信できる）すべてのアルゴフロートからのデータは、国際的な全球気象通信網に送られ、数時間後には各国の研究者らが利用できるようになります。

次世代フロート Deep NINJA

　次世代アルゴシステム（フロート）として、日本が先行試験運用をしているのが、「Deep NINJA」です。JAMSTECと鶴見精機が共同で開発したフロートで、水深4000mまでの潜航・耐圧能力を持つ世界初の深海用フロートです。

　基本的にはアルゴフロートに似ていますが、

　データ通信にはイリジウム衛星を使います（ショートバーストデータ通信）。そのため浮上後にただちにデータ送信が可能で、海洋生物の付着など悪影響のある浮上時間を5〜10分に大幅短縮しています。

　センサー類は、海水温・塩分・圧力ですが、内部コンピューターが高機能化され、データ送信と同時にコマンド受信も可能になりました。沈降・浮上のパターンを調整でき、海氷を自動的に回避したり、海底に突き刺さったりしないよう着底検知および着底回避機能も搭載しています。

■ 深海用プロファイリングフロート「Deep NINJA」

深海対応のため、外殻が丈夫になり、一般のアルゴフロートよりやや重く（約50kg）なっています。鶴見精機では2013年より一般販売しています。

海は大気に、大気は海に

地球を1つの大きな熱変動システムとして考える

その名はMJO

　海流が気温を大きく左右することは昔から知られています。日本周辺ですと、本州の南を流れる黒潮が、また太平洋全体では南米沖合の海水温（エルニーニョ、ラニーニャ）が、その年の平均気温を大きく変えてしまいます。

　インド洋でも最近、興味深い現象が見つかりました。「マッデン・ジュリアン振動（MJO）」。地球物理学や気象学を学んだ人でなければ初めて聞く言葉でしょう。インド洋で始まった気象変化が地球全球規模の大気振動（一回の周期は30〜60日）として伝わり、エルニーニョや熱帯低気圧（台風）の発生に関係すると考えられている現象です。

インド洋の熱帯収束帯の上空で発生

　MJOは最初、インド洋の赤道近くでいくつもの雲が発生して巨大な積乱雲の雲塊ができることから始まります。雲塊の周囲では、次から次へと雲が発生し、衰退・消失を繰り返すのですが、熱帯収束帯（赤道上）では風上（東側）から大気の熱や水蒸気が供給されるため、全体としては徐々に東に進むように見えます。

　MJOが東進し、エルニーニョ現象発生のきっかけになると指摘されていますが、詳しいことはまだよくわかっていません。

マッデン・ジュリアン振動の仕組み

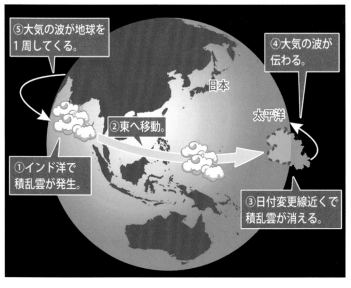

⑤大気の波が地球を1周してくる。

④大気の波が伝わる。

日本

②東へ移動。

太平洋

①インド洋で積乱雲が発生。

③日付変更線近くで積乱雲が消える。

インド洋で発生した雲塊は時速18km程度で東進し、東南アジアを通り、太平洋の日付変更線付近で消えますが、大気の波はそのまま地球を一周して再びインド洋で雲を作ります。この一連の現象が30〜60日周期で発生することから"振動"と称されます。

海底探検辞書

マッデン・ジュリアン振動（MJO：Madden Julian Oscillation）：米国の気象学者、ローランド・マッデンとポール・ジュリアンによって1971〜1972年に記された論文で発表されたため、2人の名から名付けられました。赤道上空（高度約10km）の大気の波（重力波）が原因と考えられています。

大気のみでは再現できない

謎の多いMJOですが発生や衰退のしくみを解明しようにも、自然現象を相手に大規模な実験や検証は行えません。となると、コンピューターシミュレーションが活躍します。気象解析では、大気の動きのみを考慮した「大気モデル」がすでにあり、2007年にはシミュレーション上でMJOの発生と東進が再現されていましたが、誤差の大きな不完全なものでした。

海洋モデルを取り入れると……

そこで新たに、「大気モデル」と「海洋モデル（海流、海水温など）」を組み合わせ、相互にシミュレーション結果を渡しながら並列計算する「大気海洋結合数値モデル（MSSG：Multi-Scale Simulator for the Geoenvironment）」が開発されました（2016年）。

スーパーコンピューター「地球シミュレータ」を使って計算させた結果は……、実際の観測値とよく一致しました。見た目にはそれほど変わらないように思えますが、特に東南アジア島嶼部の降水量については、大気モデルのみの誤差約20%から、MSSGでの誤差4%へと大幅改善しています。

地球大気の変動、すなわち気象は、海洋と深く関わっている様子が徐々に、ハッキリとわかってきています。

🌊 **左上から観測値（気象衛星、ひまわり6号）、MSSG計算値（右上）、大気モデルのみ（下）の計算値**

人工衛星観測データ

©Google
Data SIO, NOAA, U.S.Navy, NGA, GEBCO
Image Landsat
Image IBCAO

MSSG

大気モデル

右上や下は、コンピュータが作り出した雲の分布です（まるで本物みたい）。いずれも赤道上に大規模な積乱雲の雲塊が見えますが、アジア東側に分岐した雲やオーストラリア北側の雲の厚みに違いがあります。

勝俣昌己さん
海洋研究開発機構 海洋気候研究グループ

小林大洋さん
海洋研究開発機構 全球海洋環境研究グループ

「あの手・この手で探る、海の気象」

海洋研究開発機構 大気海洋相互作用研究センターの勝俣昌己博士は大気と海の関係、例えば雨と海の互いの影響などを研究しています。様々なスケールでの気象観測が大事だそうです。

「雨雲のサイズも様々でデカイもので数千km、小さな雨雲については数百m規模で考えることもあります。時間についても、一番シンプルな積乱雲ですら30分間とか1時間単位で細かく追わねばなりません」

そのために勝俣博士らは、インド洋の陸上や洋上で、様々な機器を駆使した気象の同時観測を行っています。

「人工衛星でも気象観測はできますが、現場だと海洋から大気まで雨雲の様子をイッペンに立体的に捉えられるんです」

インド洋は日本から遠いように思いますが、熱帯地域は水蒸気が多く、台風の発生タイミングや頻度、さらにはエルニーニョとも関係があるそうです（p.104）。

それでもやはり深海のデータは不足しています。それを補うべく大活躍しているのが、海中の水温・塩分等を測定できる「フロート」と呼ばれる観測機器です（p.102）。同機構海洋観測研究センターの小林大洋博士にお話をうかがいました。

「フロートで海の中を観測しよう、海水温を調べようとなったのが1994年頃です。2000年頃から、海の半分ぐらいの領域を調べる国際的なプロジェクトが始まって、私はたまたまその時期に今の研究所に入ったので

す」

フロートは海洋観測ロボットです。船での調査に比べると楽チンに見えますが……「海に入れたとたん、フロートが何をやっているかは全くわからなくなります。データがあっているかどうかの保証もありません」 装置ごとに異なる能力や耐久性、そしてトラブルとの戦いに明け暮れたそうですが、その甲斐あって、地球温暖化の影響が海にも及んでいることを明らかにできました。今や、フロートがすべて、海からなくなってしまうと「えらい騒ぎ」になるそうです。

冒頭の勝俣博士は、世界最先端の船舶気象レーダーを導入しています。また小林さんは、従来のフロートよりもさらに深い海まで潜ることができる国産フロートを開発しています（p.103）。地球温暖化や台風発生の現状や将来の把握には、困難な野外観測と機器開発が欠かせません。そして小林博士はこうも語っています。「数値シミュレーションも必要です。シミュレーション結果に基づいて調査海域を決めることもあります。シミュレーショングループとは仲がいいですよ」

レーダー観測の説明をする勝俣博士（左）と、国産フロート「Deep NINJA」を語る小林博士（右）。

終わりに　〜海底探検の未来

　これからの海底探査はどうなっていくのでしょうか？　最後に、未来を考えてみましょう。まずはロボットです。21世紀になり、水中ロボット（水中ドローン）の時代が本格的にやってきました。そこで、数多くの水中ロボットを作り出してきたスペシャリスト、吉田さんに今後のロボット作りで何が大事かを聞いてみました。

吉田　弘さん
（海洋研究開発機構 研究プラットフォーム運用開発部門）

伊豆大島生まれ。小学校4年で秋葉原を体験し、秘密基地づくり、機械いじり、そして電気の世界へと進む。1万mの海底へ潜る無人探査機をほぼ独力で完成するなど、その腕は超一流。背後は小型AUV「MR-X1」。

　「基本的な技術開発はすべて大事です。どれが、というわけではなくて、あらゆるノウハウが大事です。例えば無人型の水中ロボットは、積んでいるオモリを切り離すことで深海から海上へ浮かび上がる仕組み。ところが、ちょっとしたことでうまくいかない。人間がいれば簡単に対応できるのに。そこがロボットの自動化の難しいところです。でも自律性はずいぶんよくなっています」

　「水中ロボットの未来ですか？　きっと、たくさんの小さいロボットが連携する方式と、太平洋を横断できるような大きなロボット、この2タイプになると思います。さらにその中で、トラックのようなタイプや、軽自動車のようなタイプなど、使い方の異なる水中ロボットたちも生まれると思います」

　すごい未来ですね！　しかし、研究者が考えないといけない課題はたくさんあるそうです。吉田さんいわく、目的の地点に完全に自律

的に移動し、そこに滞在できるのが本来の水中ロボットなのですが、その技術はあまり研究されていないそうです。例えば、クジラがロボットの前を横切ったらどうするか？　といった状況を今後は考えていく必要があるのです。

　次に、海底の様子を連続的に観測する方法を考えてみましょう。光や電波の届かない海底ですが、過去には水深1000mを超える海底にカメラ・ライト・センサーなどを設置して、連続撮影を行った例があることは知られています。その最先端や未来はどうなるのでしょうか？　海底地震・地殻変動の観測装置を開発し、スロー地震（p.67）の検出に成功した荒木さんにお話をうかがいました。荒木さんが10年以上も情熱を傾けているのが「長期孔内観測システム」です。海底下に掘削した孔の中に、地面の揺れや地殻変動を検出するセンサーを設置し、長い期間に渡って地震発生域をモニターするシステムです（p.64）。

荒木英一郎さん
（海洋研究開発機構
海域地震火山部門）

学生時代から大学の屋上に無線用アンテナを張り巡らせていた電気・機械好きであり、同時に地球の研究にも余念がない。現在は光ファイバーを用いて、数千地点での地震波同時観測システムを海底に展開しようと奮闘中。

　「センサーの開発で何が大切かというとインテグレーション（統合）ですね。センサーのコア部分はイギリス製だったり、アメリカ製だったり。歪み計は私たちのグループが基礎開発をしました。日本の民間

企業さんとも連携して、いろいろな技術を組み合わせて実現したのです。装置が全体的にちゃんと動くという検証は、岐阜県の山奥にある、神岡宇宙素粒子研究施設"スーパーカミオカンデ"に隣接した、地中に用意した検証施設で行いました」

「海底面は厚く泥が積もっていて田んぼみたいに柔らかいので、海底設置型の地震計では揺れは増幅されて記録されています。これではデータの解析が難しいんですね。ところが孔内センサーを使えば、細かい振動が正確に見えてきます。センチ〜ミリ単位の地殻変動がわかるのです。これは普通の地震計ではまったく感知できない微弱な変化で、海底地震の解析精度は桁違いに向上しました」

この長期孔内観測システムは、他の海底設置型センサー群と共に、海底ケーブルに接続されていて（p.66）、陸上で海底の様子を監視するシステムとして運用され続けています。荒木さんに、このような観測システムの未来についてうかがいました。

「私たち研究者がすべきは、最初のコアの部分の研究開発です。最初からやると、何が難しくて何に価値があるのかがわかります。五里霧中なところから始めるので大変ですが、これもある種の特権ですね（笑）。今後は、地震発生領域の微細な変動を捉えようとしていますが、ただ単に動きを調べるだけでなく、それを"意味あるもの"にしていきたいと思っています。現在、地震予知に誰も成功していませんが、それは地震の「前」に何が起こるのかを、今まさに見ている段階だからです。次に何が起きるのか、わからないことだらけ。現実に何が起こるかを知りたいのが研究開発の原動力です。ここ10年ぐらいで、海底などでの実測値と室内実験・数値シミュレーションの結果が互いにオーバーラップし始めています。しかし、海底での長期観測技術がないと本当の議論はできません。まだ、これからなのです」

地震・津波災害への取り組みについての荒木さんのお話は、海底火山の噴火や台風・集中豪雨といったさまざまな自然災害の理解や対策にも当てはまります。さらに、海洋や海底のさまざまな資源の探

査・開発、地球温暖化の抑制、マイクロプラスチックなどの海洋環境問題、多様性に満ちた生き物たちの保全などを考える上でも、海や地球のモニタリング技術が求められています。ここで紹介した水中ロボット技術や地震・津波監視システムが基礎となり、そこから発展していくように思われます。

　さて「海底探検」の最新科学を紹介してきました本書も、これにて終わりです。ただし、著者の私を含み、本書で紹介した研究者たちの歩みは止まりません。この本の冒頭で、私はこう書きました。

　「海に潜ってみると、海水の下、海底付近にはいろいろなものが見えてきます」

　しかしよく考えてみてください。海の底には光は届かず、肉眼では何も見えないのです。科学者・技術者達が情熱とテクノロジーで、深海の暗闇を少しずつ"見える"ようにしてきたのです。多様なセンサーを海中・海底に張り巡らせ、人類が決して知ることも、気づくこともなかった現象を捉えられるようになってきた、そんな時代の息吹を感じます。海を知ることは、私たちの未来を知ることにつながる。「海底探検」の最前線に挑む者たちは、これからもそう思いながら、未知の世界に挑み続けます。

2023年6月
後藤忠徳

本文中の写真・イラストクレジット

● 第1章

p.8上：NASA/JPL-Caltech/ESO/R. Hurt

p.10右：NASA/JPL-Caltech

p.12：市原市教育委員会

p.14下：JAMSTEC

p.17下：JOGMEC

p.19左2枚：JAMSTEC（一部改変）

p.19右下：OAR/National Undersea Research Program (NURP); NOAA

p.20：JOGMEC

p.21上：JOGMEC

p.21中：三菱重工

p.21下：JOGMEC

p.22：MH21-S研究開発コンソーシアム

p.23右上：MH21-S研究開発コンソーシアム

p.24：MH21-S研究開発コンソーシアム

p.26右：JAMSTEC

p.27左上：後藤ほか（地学雑誌、2009）

p.27右上：JAMSTEC

p.28 2枚：オーシャンエンジニアリング株式会社

p.30：JAMSTEC

p.31 2枚：JAMSTEC/NHK

p.34：JAMSTEC

p.35 2枚：JAMSTEC

p.36：JAMSTEC

p.37：JAMSTEC

p.38 2枚：JAMSTEC

p.39：JAMSTEC

p.41 2枚：JAMSTEC

p.42 2枚：JAMSTEC

p.43 2枚：JAMSTEC

● 第2章

p.50左：Gtogk (CC BY-SA 4.0)

p.50右：JAMSTEC

p.51 3枚：JAMSTEC（左のみ一部改変）

p.52：JAMSTEC

p.53 2枚：JAMSTEC

p.55：JAMSTEC

p.56：地震調査研究推進本部

p.57：地震調査研究推進本部

p.58左：Urakiほか（物理探査、2009）

p.58右：Proceedings of IODP Leg. 314-316

p.59上4枚：JAMSTEC

p.59下：木村ほか（物理探査、2010）

p.60：JAMSTEC

p.61：JAMSTEC

p.62 3枚：JAMSTEC

p.63上：JAMSTEC

p.63下：馬場俊孝教授（徳島大学）

p.64 2枚：JAMSTEC（一部改変）

p.65下：JAMSTEC

p.66下：JAMSTEC

p.67右上2枚：JAMSTEC（上は一部改変）

p.68 2枚：防災科学技術研究所

p.69：防災科学技術研究所

p.70すべて：防災科学技術研究所

p.71左下：防災科学技術研究所

p.72上：Wang et al. (Scientific Reports, 2017)

p.72下：Tada et al. (Geophysical Research Letters, 2016)

p.73左上・右下：JAMSTEC

p.75上5枚のうち左上・右下：JAMSTEC（右下は協力：東京大学地震研究所 塩原肇教授）

p.76：Zhao et al. (Scientific Reports, 2018)

p.78 2枚：JAMSTEC

p.79：JAMSTEC

● 第3章

p.82：Hamachidori (CC BY-SA 3.0)

p.83：田近研究室（一部改変）

p.84上：NASA

p.84下：JAMSTEC

p.85下：JAMSTEC

p.86下2枚：JAMSTEC

p.87：JAMSTEC

p.88 2枚：JAMSTEC

p.89 3枚：JAMSTEC

p.90 2枚：JAMSTEC

p.91：JAMSTEC

p.92：理化学研究所

p.95 2枚：JAMSTEC

p.97 3枚：JAMSTEC

p.98：後藤祐介

p.100：JAMSTEC

p.102 2枚：JAMSTEC

p.104：JAMSTEC

p.105 3枚：JAMSTEC

※特記以外の写真・イラストは、パブリックドメインあるいは版権フリー写真を除き、著者および制作スタッフが撮影・作成。より詳細な参考情報については https://geo-saga.jpn.org/ をご参照ください。

（ 著者プロフィール ）

後藤 忠徳（ごとう ただのり）

大阪府生まれ。兵庫県立大学大学院理学研究科教授。1991年神戸大学理学部卒、93年同大学大学院修士課程修了（理学研究科地球科学専攻）。97年京都大学大学院理学研究科にて博士（理学）学位取得。東京大学地震研究所、愛知教育大学総合科学課程地球環境科学領域助手、海洋科学技術センター深海研究部研究員、海洋研究開発機構技術研究主任、京都大学大学院工学研究科准教授などを経て現職。

光の届かない地下や海底下を、電磁探査を使って"照らしだし"、巨大地震発生域のイメージ化、石油・天然ガス・メタンハイドレート・地熱エネルギー・金属鉱床などの地下資源の探査、地下環境変動のモニタリング技術の研究などを行っている。海や陸の調査観測だけではなく、数値シミュレーション技術や観測装置の開発にも力を入れている。

海洋研究開発機構研究開発功績賞、物理探査学会運営功績賞を受賞。

ブログ「海の研究者」(https://geo-saga.jpn.org/) では、調査乗船レポートや、海や地球の話題を随時更新中。著書に『海の授業』(幻冬舎)、『地底の科学』(ベレ出版)、『日本列島大変動』(ポプラ新書) がある。趣味はバイクとお酒と美術鑑賞。

● 編集協力　　　　　　池田圭一
● カバーデザイン　　　西岡裕二
● 本文デザイン・DTP　BUCH⁺

本書へのご意見、ご感想は、技術評論社ホームページ (https://gihyo.jp/) または以下の宛先へ、書面にてお受けしております。電話でのお問い合わせにはお答えいたしかねますので、あらかじめご了承ください。

〒162-0846　東京都新宿区市谷左内町21-13
株式会社技術評論社　書籍編集部
『[カラー図解] 海底探検の科学』係
FAX：03-3267-2271

［カラー図解］海底探検の科学

2023年7月11日　初版　第1刷発行

著　者　　　後藤 忠徳
発行者　　　片岡 巌
発行所　　　株式会社技術評論社
　　　　　　東京都新宿区市谷左内町21-13
　　　　　　電話　03-3513-6150　販売促進部
　　　　　　　　　03-3267-2270　書籍編集部
印刷／製本　大日本印刷株式会社

ISBN978-4-297-13607-9 C3044

Printed in Japan